Die Wechselrichter und Umrichter

Ihre Berechnung und Arbeitsweise

Von

Dr.-Ing. habil. Walter Schilling

Mit 83 Bildern

München und Berlin 1940

Verlag von R. Oldenbourg

Die Stromrichter, insbesondere die Wechselrichter und Umrichter, sind dem Ingenieur, der elektrische Anlagen zu planen oder zu betreiben hat, heute noch nicht so vertraut wie die meisten bisher verwendeten Maschinen und Geräte der Elektrotechnik. Zur Aufstellung von großen Umrichtern hat sich wohl als erste die Deutsche Reichsbahn entschlossen, nachdem sie die in Frage kommende Elektroindustrie angeregt hatte, Umrichter zu entwickeln, die dazu bestimmt sein sollen, den von Überlandwerken bezogenen Drehstrom von 50 Hz in einphasigen Wechselstrom von $16\frac{2}{3}$ Hz umzurichten. Die bisher dem Betrieb übergebenen Umrichter der Reichsbahn stellen einen vollen Erfolg dar. Auch hat sich das Bedienungspersonal gut eingearbeitet.

Ich begrüße es daher, daß in dem vorliegenden Buch die Stromrichter eine nach meiner Auffassung klare Darstellung gefunden haben, der jeder Ingenieur folgen kann.

Prof. Dr.-Ing. e. h. Wilhelm Wechmann
Ministerialdirigent im Reichsverkehrsministerium
Eisenbahnabteilungen

Vorwort.

Als jüngstes Gebiet der Starkstromtechnik sah die Stromrichter-technik auf vielen Anwendungsgebieten die Aufgaben bereits durch den Elektromaschinenbau erfüllt. Demgegenüber konnte sie sich nur da durchsetzen, wo sie technisch und wirtschaftlich überlegene Lösungen gab. So hat der gesteuerte und der ungesteuerte Gleichrichter eine Reihe von Gebieten erobert, wie die Ladung von Akkumulatoren, die Speisung von Gleichstromnetzen und Gleichstrombahnen sowie die industrielle Großelektrolyse. Die dazu gehörenden Schaltungen sind vom Verfasser in einem vorangehenden Buch behandelt worden. Demgegen-über befaßt sich das vorliegende Buch mit Stromrichterschaltungen für Anwendungsgebiete, auf denen teilweise der Kampf zwischen umlaufen-der Maschine und ruhender Stromrichteranlage noch nicht ausgetragen ist. Es sind dies die Wechselrichter zur Umformung von Gleichstrom in Wechselstrom und die Umrichter zur Umformung von Drehstrom in Wechselstrom oder Drehstrom anderer Frequenz.

Im Schrifttum fehlt bisher eine zusammenfassende Darstellung dieses Gebietes, das der Gegenstand zahlreicher Einzelarbeiten in den Fachzeitschriften ist. Das vorliegende Buch will zeigen, wie sich die ein-zelnen Teile dieses Gebietes gegenseitig ergänzen und die Betrachtung des einen Teiles zum Verständnis des anderen Teiles beiträgt.

Nach einer Einleitung, die die Verbindung zu dem dem Elektro-techniker schon mehr vertrauten Gebiete des gesteuerten Gleichrichters herstellen soll, wird die Erweiterung auf Wechselrichterbetrieb be-trachtet. Es handelt sich hier um die Möglichkeit, von der Gleich-stromseite auf die Wechselstromseite Energie zu übertragen, die ihre Anwendung bei elektromotorischen Umkehrantrieben und Gleichstrom-bahnen zur Nutzbremsung gefunden hat.

Der dritte Abschnitt behandelt die Reihenschaltung von Gleich-richter und Wechselrichter zur Energieübertragung zwischen Drehstrom-oder Wechselstromnetzen. Diese Schaltungen, die die einfachste Form des Umrichters darstellen, eignen sich für Netzkupplung und Gleichstrom-Kraftübertragungen.

Das darauf folgende Kapitel über den selbsterregten Wechselrichter betrifft Schaltungen zur Speisung von Wechselstromverbrauchern aus einem Gleichstromnetz, die an kein anderes Netz angeschlossen sind.

Auch diese Wechselrichter können über einen Gleichrichter an ein Drehstromnetz angeschlossen werden und bilden dann einen selbsterregten Umrichter mit Gleichstromzwischenkreis. Solche Schaltungen sind z. B. zur Speisung von Induktionsöfen mit Mittelfrequenz eingesetzt worden.

Im zweiten Teil werden die unmittelbaren Umrichter an Hand der beiden Grundschaltungen, die praktische Verwendung gefunden haben, betrachtet. Diese zeigen die Möglichkeiten der Stromrichtertechnik in Vollendung. Ihr Hauptanwendungsgebiet ist die Speisung elektrischer Wechselstrombahnen beispielsweise mit Niederfrequenz von $16\frac{2}{3}$ Hz aus dem Netz der Landesversorgung von 50 Hz. Gerade hier zeigt sich, warum der Kampf zwischen Stromrichter und umlaufender Maschine auf allen gemeinsamen Anwendungsgebieten noch nicht entschieden werden konnte.

Über die Brauchbarkeit der Umrichter zur Speisung elektrischer Bahnen im Vergleich zu umlaufenden Maschinen konnten nur Erfahrungen im praktischen Betriebe entscheiden. Diese verdanken wir der großzügigen Pionierarbeit der Deutschen Reichsbahn unter Führung von Herrn Ministerial-Dirigent Prof. Dr.-Ing. e. h. Wilhelm Wechmann. So wurde in den Jahren 1933/35 im Saalachkraftwerk der Deutschen Reichsbahn in Gemeinschaft mit den Siemens-Schuckertwerken eine Versuchsanlage des Steuerumrichters zur elastischen Kupplung von Bahnnetz und Landesnetz aufgebaut und unter den rauhen Belastungsbedingungen elektrischer Bahnen untersucht. Die Untersuchungen haben erstmalig die praktische Durchführbarkeit der ruhenden Frequenzumformung mit Stromrichtern erwiesen und zugleich Aufschluß über die damit zusammenhängenden Fragen, wie Regelung der Lastabgabe durch die Steuerung, Belastung des Drehstromnetzes und Beanspruchung der Stromrichtergefäße gegeben und dadurch die Weiterentwicklung der Umrichterschaltungen gefördert.

Weiterhin hat die Deutsche Reichsbahn später auch die anderen Umrichterschaltungen im praktischen Betrieb eingesetzt. So wurde an einer Anlage in Basel in Gemeinschaft mit der Allgemeinen Elektricitäts-Gesellschaft der Hüllkurvenumrichter zur starren Kupplung von Bahnnetz und Landesnetz untersucht und an einer Anlage in Pforzheim in Gemeinschaft mit der Brown, Boveri & Co. der Umrichter mit Gleichstromzwischenkreis, der eine elastische Kupplung der Netze ermöglicht. Die Ergebnisse dieser Untersuchungen findet der Leser in den am Schluß angegebenen Veröffentlichungen.

Weil noch nicht endgültig zu übersehen ist, wie weit die Wechselrichter und Umrichter sich durchsetzen werden, behandelt das vorliegende Buch nur die Grundschaltungen. Der Verfasser hofft, dem Leser gezeigt zu haben, daß die Wechselrichter und Umrichter eine Fülle elektrotechnisch interessanter Fragen bieten, deren nähere Betrachtung sich lohnt.

Das Schrifttumsverzeichnis am Schluß erhebt keinen Anspruch auf Vollständigkeit; es ist nur aufzufassen als Aufzählung der Arbeiten, aus denen der Verfasser Anregungen empfangen hat oder die Anwendungen behandeln. Die Zahlen in eckiger Klammer weisen auf die betreffende Nummer des Schritttumsverzeichnisses hin.

Der Verfasser dankt den Herren Dipl.-Ing. L. Filberich und Dr. J. v. Issendorff für wertvolle Ratschläge bei Abfassung der Niederschrift.

Finkenkrug, im August 1939.

W. Schilling.

Inhaltsverzeichnis.

Einleitung.

Der gesteuerte Gleichrichter.

Der Stromrichter ist ein Schaltgerät, dessen besondere Eigenschaften als Gasentladungsstrecke die Stromrichterschaltung bedingen. Will man ihn zur Speisung eines Gleichstromverbrauchers oder Gleichspannungsnetzes aus dem Drehstromnetz benutzen, d. h. als gesteuerten oder ungesteuerten Leistungsgleichrichter, so schließt man ein mehranodiges Stromrichtergefäß an die Sekundärseite eines Drehstromtransformators an, wie Bild 1 zeigt. Die Wirkungsweise dieser Schaltung beruht darauf, daß die sekundären Wicklungen des Transformators in geeigneten Zeitabschnitten über die einzelnen Lichtbogenstrecken, Anode-Kathode des Stromrichters, auf den Gleichstromabnehmer geschaltet werden. Da-

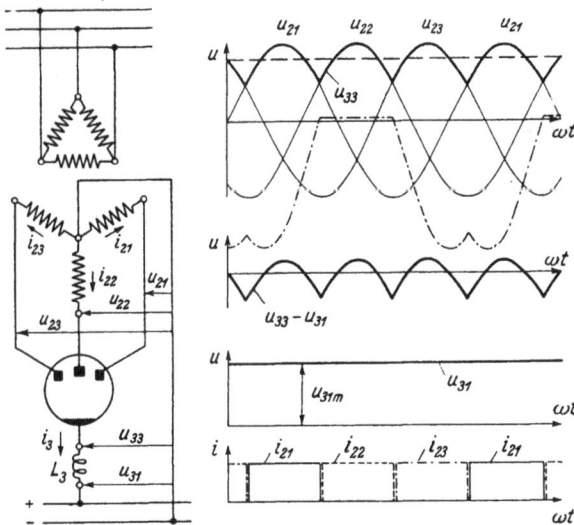

Bild 1. Strom-Spannungsverhältnisse und Schaltung eines ungesteuerten Dreiphasengleichrichters ohne Berücksichtigung des Umschaltvorganges der Anodenströme.

durch werden aus dem Wechselspannungsverlauf an diesen Wicklungen geeignete Ausschnitte herausgegriffen und zu einer Spannung zusammengesetzt, deren vorwiegender Anteil eine Gleichspannung ist. Diese Spannung ist in Bild 1 oben stark hervorgehoben, und zwar für den ungesteuerten Gleichrichter. Bei diesem geschieht die Ein- bzw. Umschaltung der Anodenzweige unbeeinflußt immer dann, wenn die Spannung zwischen Anode und Kathode positiv wird bzw. die Lichtbogenspannung von etwa 15 bis 20 V erreicht. Das geschieht im Schnittpunkt der aufeinanderfolgenden sekundären Phasenspannungen. Dabei bewirkt aber gleichzeitig die Zündung einer Anode die Löschung der vorhergehenden, so daß abgesehen von diesem Vorgang immer nur eine Anode gezündet ist. Voraussetzung dafür ist allerdings, daß dauernd ein Strom nach dem Gleichstromverbraucher fließen kann, so daß sich überhaupt eine Bogenentladung Anode-Kathode bildet. Dann verbindet die Bogenentladung jeder Anode während des stark ausgezogenen Teiles der zugehörigen Phasenspannung die entsprechende Wicklung mit dem Abnehmer.

Verfolgen wir den Verlauf der Spannung Anode gegen Kathode, der Anodenspannung, z. B. der Anode 2 in Bild 1, so ist diese Spannung gegeben durch die Differenz der zugehörigen Transformatorphasenspannung mit der Spannung der Kathode gegen den Transformatorsternpunkt, der Gleichrichterspannung. Da diese jeweilig gleich einer der Phasenspannungen vermindert um die Bogenspannung u_{32b} ist, so ist die gesuchte Anodenspannung einfach die Differenz der zweiten Phasenspannung mit je einer der drei Phasenspannungen in den Zeitabschnitten, in denen diese die Gleichrichterspannung bildet, zuzüglich der Bogenspannung. Diese Differenz ist in Bild 1 strichpunktiert gezeichnet und verläuft wie $u_{22} — u_{23} + u_{32b}$ oder $u_{22} — u_{21} + u_{32b}$ oder ist gleich der Bogenspannung u_{32b}, wenn Anode 2 selbst stromführend ist. Diese Spannung beginnt vor der Zündung von Anode 2 positiv zu werden und würde weiter ins Positive über u_{32b} hinaus ansteigen, wenn die Zündung von Anode 2 versagen sollte. Außerhalb der Stromführung von Anode 2 ist sie negativ; hier ist also eine weitere Zündung nicht möglich. Am Ende der Stromführung der Anode 2 zündet Anode 3, deren Anodenspannung von gleicher Form nur um 120° gegen die der Anode 2 verzögert ist. Dadurch wird über einen kurzzeitigen •Kurzschluß des Transformators über Wicklung 2 und 3 der Strom über Anode 2 auf Null gebracht und über Anode 3 auf den vollen Wert. Die drei Anodenströme sind in Bild 1 rechts unten eingezeichnet.

Damit dauernd ein Strom über die Anoden fließen kann, muß die mittlere Spannung am Abnehmer, u_{31m}, kleiner als die mittlere Gleichrichterspannung sein, und außerdem muß eine Kathodendrossel L_3 die Ausbildung eines überlagerten Wechselstromes im Gleichstromkreis infolge der überlagerten Wechselspannung verhindern. Wenn das vollkommen erreicht wird, haben die Anodenströme die rechteckige Form in Bild 1 unten, und der Gesamtstrom über die Kathode, der Abnehmerstrom, ist ein reiner Gleichstrom. Die Abnehmerspannung wird zugleich eine reine Gleichspannung, und die Drossel nimmt als Spannungsabfall die überlagerte Wechselspannung der Gleichrichterspannung auf, wie sie uns Bild 1 an zweiter Stelle rechts zeigt.

Das sind die Strom- und Spannungsverhältnisse eines idealen ungesteuerten Gleichrichters mit streuungslosem Transformator und sehr großer Kathodendrossel. Der wirkliche Gleichrichter zeigt einen überlagerten Wechselstrom im Gleichstromkreis, und die Anodenströme lösen sich nicht sprunghaft ab, sondern allmählich innerhalb von etwa $^1/_{1000}$ s bzw. 18° elektrisch. In dieser Zeit wird die Gleichrichterspannung auf den Mittelwert der aufeinanderfolgenden Phasenspannungen abgesenkt, was sich in Einschnitten in den idealen Spannungsverlauf nach Bild 1 rechts oben äußert, wie uns Bild 2 veranschaulicht.

Während die Anodenspannung im Negativen verläuft, wird die von der Stromführung entlastete Gasentladungsstrecke Anode - Kathode von Ladungsträgern befreit, entionisiert, wie man sagt, und es besteht die Möglichkeit zu Beginn des Wieder-Positiv-Werdens der Anodenspannung die Zündung der Gasentladungsstrecke durch ein Gitter vor der Anode

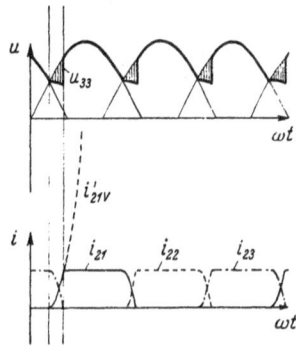

Bild 2. Einfluß des Umschaltvorganges auf Gleichrichterspannung und Anodenstrom.

mit hoher negativer Spannung zu verhindern oder zu verzögern, d. h. erst zu einem willkürlichen späteren Zeitpunkt zuzulassen. Das geschieht beim gesteuerten Gleichrichter. Verzögert man beispielsweise die Zündung aller drei Anoden um $\alpha = 30°$, $= 60°$ oder $= 90°$ el., so erhält man einen Gleichrichterspannungsverlauf nach Bild 3 rechts; der Übergang von einer Phasenspannung auf die folgende geschieht erst 30°, 60° oder 90° nach dem Schnittpunkt. Dadurch erhält die Gleichrichterspannung jedesmal einen tiefen Einschnitt, ihr Gleichspannungsmittelwert sinkt ab, und zugleich nimmt die überlagerte Wechselspannung zu.

Für die Steuerung benutzt man im einfachsten Falle einen Drehtransformator, wie in Bild 3 angedeutet. Der Sternpunkt der Sekundärseite des Drehtransformators ist mit der Kathode verbunden; dann liefert dieser als Gitterspannungen gegenüber der Kathode Wechselspannungen, deren Phasenlage gegenüber den zugehörigen Anodenspannungen bzw. Transformatorspannungen sich verschieben läßt. In Bild 4 links ist das für eine einanodige Stromrichterschaltung dargestellt. Wir sehen links oben die Schaltung, wobei als Belastung ein ohmscher Widerstand angenommen ist, und links unten die Spannungen. Der Stromrichter kommt bei positiver Anodenspannung zur Zündung, wenn die Gitterspannung aus dem Negativen kommend die Zündkennlinie schneidet. Diese ist hier als konstante positive Spannung angenommen.

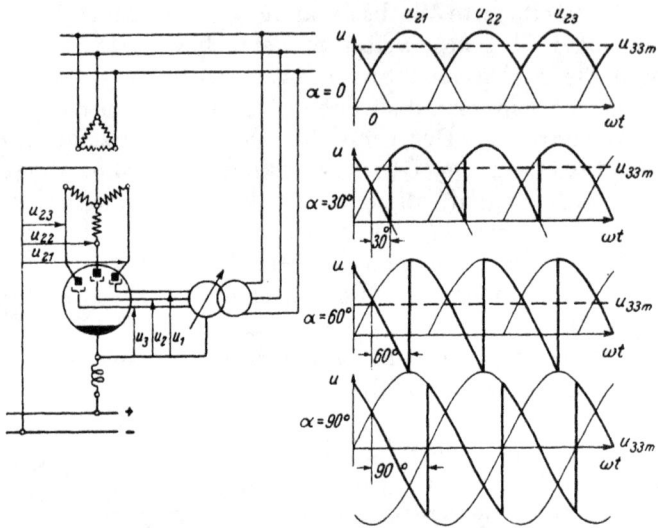

Bild 3. Spannungsverhältnisse und Schaltung des gesteuerten Dreiphasengleichrichters.

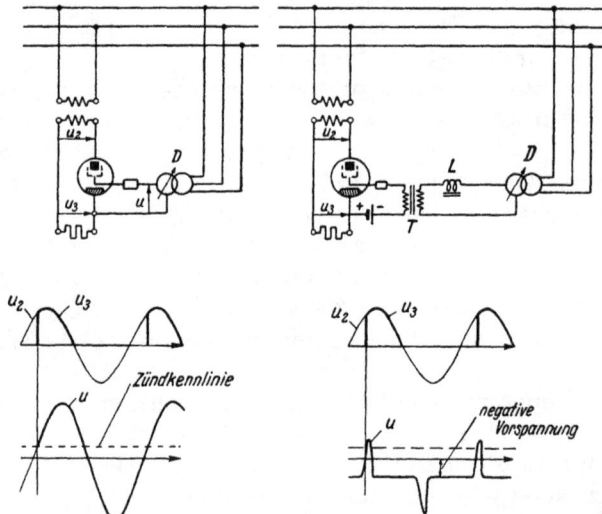

Bild 4. Steuerung mit sinusförmiger und spitzer Gitterspannung.

Man kann sich an Hand von Bild 4 links leicht vorstellen, wie durch Verschiebung der sinusförmigen Gitterspannung gegenüber der Transformatorspannung u_2 ein Vorverlegen oder Zurückverlegen des Zündzeitpunktes im Bereich positiver Anodenspannung eintritt.

Da bei sinusförmiger Gitterspannung die Zündkennlinie nur verhältnismäßig flach geschnitten wird, ist diese Art der Steuerung von

Schwankungen der Zündkennlinie in bezug auf die Genauigkeit des eingestellten Zündzeitpunktes abhängig. So hat man andere Gitterspannungen gewählt, von denen Bild 4 rechts ein einfaches Beispiel wiedergibt. Hier ist an den Drehtransformator D eine Drosselspule L und ein hochgesättigter Transformator T angeschlossen. Der Strom durch diesen Kreis sei durch die Drossel bestimmt. Am Transformator tritt immer im Nulldurchgang des Stromes eine scharfe Spannungsspitze auf, da nur dann eine Änderung des magnetischen Flusses auftritt und gleich darauf die Sättigung einsetzt. Es entsteht die unten gezeichnete Gitterspannung spitzer Wellenform, die einer negativen Vorspannung überlagert wird und bei steilem Schnitt mit der Zündkennlinie große Genauigkeit des eingestellten Zündwinkels gewährleistet. Die Änderung der Phasenlage des Zündstoßes kann außer durch Verstellung des Drehtransformators auch durch Gleichstromvormagnetisierung des Transformators erfolgen.

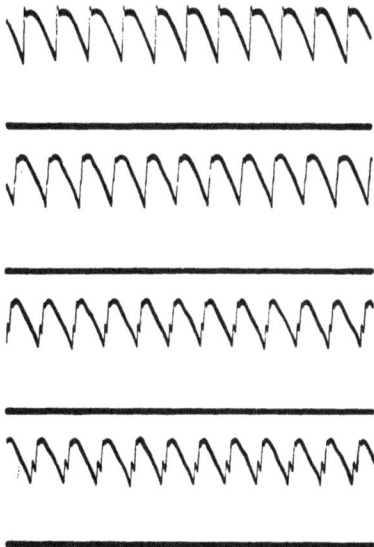

Bild 5. Gleichrichterspannung eines Sechsphasengleichrichters mit $\alpha = 60°$ bei steigender Belastung.

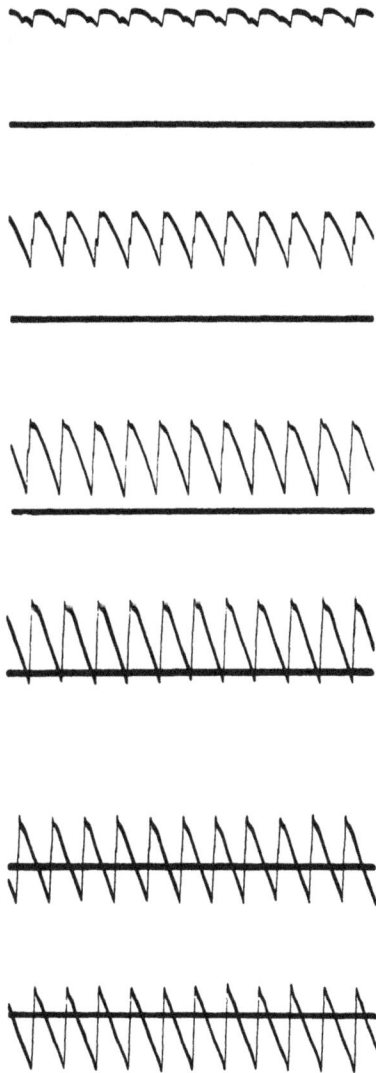

Bild 6. Gleichrichterspannung eines Sechsphasengleichrichters mit konstanter Belastung bei steigender Zündverzögerung (vgl. Bild 56).

Abschließend seien einige Oszillogramme der Gleichrichterspannung (Spannung Kathode gegen Sternpunkt des Transformators) eines Sechsphasengleichrichters betrachtet. Bild 5 zeigt uns die Spannung bei 60° Zündverzögerung und zwar von oben nach unten bei steigender Belastung. Wir sehen das allmähliche Hervortreten des Umschaltvorganges an dem Absatz beim Übergang von einer auf die folgende Phasenspannung, die Spannung verläuft dabei in der Mitte zwischen den Phasenspannungen. Das folgende Bild 6 zeigt bei konstanter Belastung die Gleichrichterspannung eines sechsphasigen Gleichrichters bei steigender Zündverzögerung. Oben sehen wir die Spannung bei voller Aussteuerung. Die Umschaltzeit ist dabei deutlich ausgeprägt und am größten. Mit zunehmender Zündverzögerung nimmt die Umschaltzeit ab, da jetzt die den Umschaltstrom treibenden augenblicklichen Spannungen, die Differenz der aufeinanderfolgenden Phasenspannungen im Umschaltzeitpunkt, zunehmen. Wir sehen, wie die mittlere Gleichrichterspannung mit steigender Zündverzögerung abnimmt. Beim letzten Oszillogramm, Bild 6 unten, ist die Zündverzögerung so weit getrieben, daß die mittlere Gleichrichterspannung negativ wird. Das führt uns zu dem im folgenden Abschnitt behandelten Wechselrichterbetrieb.

I. Wechselrichterschaltungen.

A. Der netzerregte Wechselrichter.

1. Der Wechselrichterbetrieb als Erweiterung des Gleichrichterbetriebes.

a) Übergang auf Wechselrichterbetrieb durch Vergrößerung
der Zündverzögerung.

In der Gleichrichterschaltung wird dem Gleichstromverbraucher
aus dem Wechselstromnetz Leistung zugeführt. Umgekehrt wird in
der Wechselrichterschaltung dem Wechselstromnetz von der Gleichstromseite her Leistung zugeführt. Da das Wechselstromnetz die Spannung auf der Wechselstromseite bestimmt, heißt der Wechselrichter
netzerregt. Umkehr der Leistungsrichtung bedeutet auf der Gleichstromseite entweder Umkehr der Spannungsrichtung oder Umkehr der
Stromrichtung. Wie das in der Stromrichterschaltung beim Übergang
von Gleichrichter- auf Wechselrichterbetrieb vor sich geht, wollen wir
uns an dem Beispiel der Speisung eines Gleichstrommotors für einen
Umkehrantrieb klarmachen.

Bild 7 zeigt die Schaltung eines Dreiphasengleichrichters, an dem
über eine Drossel L_3 mit ohmschem Widerstand R_3 ein Motor angeschlossen ist. Unten sind die drei sekundären Phasenspannungen des
Gleichrichtertransformators und stark ausgezogen die innere Gleichrichterspannung im Leerlauf bei $\alpha = 15^0$ Zündverzögerung gezeichnet.
Strichpunktiert sehen wir außerdem die Anodenspannung der zweiten
Anode, d. h. die Differenz der zweiten Phasenspannung mit der Gleichrichterspannung, wobei die Brennspannung des Stromrichters als vernachlässigbar angenommen ist.

Die Zündverzögerung rechnet vom Schnittpunkt der aufeinanderfolgenden Phasenspannungen ab. Die Zündung bzw. die Ablösung der
Anoden in der Stromführung kann frühestens bei diesem Schnittpunkt
erfolgen. Dabei wird die mittlere innere Gleichrichterspannung, u_{33m}, am
größten. Abhängig vom Effektivwert der sekundären Phasenspannung
gilt im Leerlauf *(L)*:

$$(u_{33\,m\,L})_{\alpha\,=\,0} = \sqrt{2}\,u_{2e} \cdot \frac{P}{\pi} \sin \frac{\pi}{P} \,. \qquad \dots \dots (1)$$

wobei P die Phasenzahl bedeutet. Mit wachsender Zündverzögerung α nimmt die mittlere Gleichrichterspannung mit dem Cosinus des Zündverzögerungswinkel ab:

$$u_{33\,m\,L} = \sqrt{2}\,u_{2\,e} \cdot \frac{P}{\pi} \sin \frac{\pi}{P} \cdot \cos \alpha$$

$$= (u_{33\,m\,L})_{\alpha\,=\,0} \cdot \cos \alpha \ . \ . \tag{2}$$

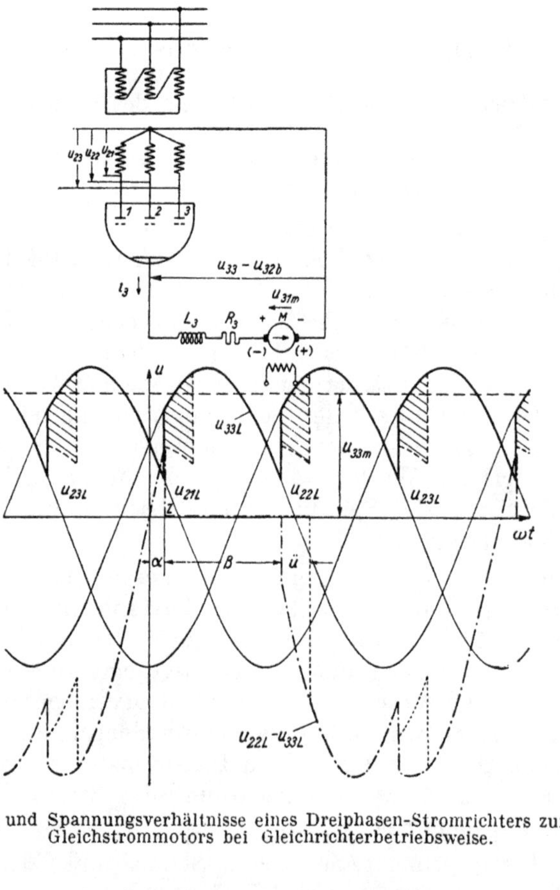

Bild 7. Schaltung und Spannungsverhältnisse eines Dreiphasen-Stromrichters zur Speisung eines Gleichstrommotors bei Gleichrichterbetriebsweise.

Gegenüber dieser Spannung ist die Spannung im Betrieb verringert hauptsächlich infolge der Spannungsabsenkungen, die der Umschaltstrom an den Streuinduktivitäten des Transformators verursacht. Dieser Spannungsabfall ist dem mittleren Belastungsstrom $i_{3\,m}$ proportional und unabhängig von der Zündverzögerung, wenn wir eine große Kathodendrossel und damit Unterdrückung des überlagerten Wechselstromes voraussetzen. Hinzu kommt der Spannungsverlust durch die Brenn-

spannung, d. h. die mittlere meßbare Gleichrichterspannung hat den
Wert:

$$u_{33\,m} - u_{32\,b} = (u_{33\,m\,L})_{\alpha\,=\,0}\left[\cos\,\chi - \frac{1}{2\sqrt{2}}\cdot\frac{i_{3\,m}}{i_{2\,e\,V}}\right] - u_{32\,b} \quad . \ . \ (3)$$

Hierin bedeutet $i_{2\,e\,V}$ den Effektivwert des Kurzschlußwechsel-
stromes bei Kurzschluß aufeinanderfolgender Anodenzuleitungen. Es
ist der Strom, der als Einschaltwechselstrom die Umschaltung besorgt
und sein Effektivwert läßt sich auf die prozentuale Kurzschlußspannung
der Anlage zurückführen (vgl. S. 33). Der Spannungsabfall durch den
Umschaltvorgang ist in Bild 7 gestrichelt angedeutet.

Der Motor sei von einer gesonderten Gleichstromquelle erregt und
hat die innere Gegenspannung $u_{31\,m}$, die bei konstanter Erregung der
Drehzahl proportional ist. Dann nimmt der Motor einen Strom auf.

$$i_{3\,m} = \frac{(u_{33\,m\,L})_{\alpha\,=\,0}\left[\cos\,\chi - \dfrac{1}{2\sqrt{2}}\cdot\dfrac{i_{3\,m}}{i_{2\,e\,V}}\right] - u_{32\,b} - u_{31\,m}}{R_3} . \ (4)$$

Dabei soll R_3 auch den Ankerwiderstand des Motors mitumfassen.

Wir stellen uns nun vor, die Zündverzögerung des Stromrichters
wird allmählich erhöht, so daß die mittlere innere Spannung allmählich
abnimmt. Gleichzeitig wird die Erregung des Motors allmählich verringert, wobei die Drehzahl konstant bleiben möge, beispielsweise durch
einen synchron laufenden gekuppelten Antriebsmotor, dann nimmt die
Motorspannung auch allmählich ab. Es läßt sich nun erreichen, daß
der Strom $i_{3\,m}$ nach Gl. (4)
dabei dauernd konstant
bleibt. Bild 8 soll uns diesen
Vorgang veranschaulichen.
Ist die Stromrichterspan-
nung so weit herabgeregelt,
daß sie nur noch gleich den
Spannungsabfällen ist, dann
muß die Motorspannung
Null sein. Der Erregerstrom
des Motors ist Null (bzw.
gleich dem notwendigen Wert
zur Überwindung der Re-
manenz). Es besteht nun
die Möglichkeit, die Zündverzögerung noch weiter zu

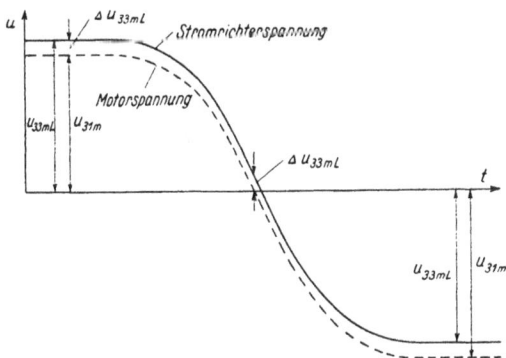

Bild 8. Verlauf der mittleren Stromrichterspannung und
der Motorspannung bei Übergang von Gleichrichter- auf
Wechselrichterbetriebsweise durch Umkehr des Erregerstromes des Motors.

steigern, so daß die mittlere Stromrichterspannung Null wird und
schließlich einen negativen Wert annimmt. Das hat schon das letzte
Oszillogramm des Bildes 6 gezeigt. In Bild 9 ist die allmähliche Ver-

größerung der Zündverzögerung in großen Sprüngen von Zündzeitpunkt zu Zündzeitpunkt dargestellt. Um bei negativer mittlerer Stromrichterspannung den Strom in gleicher Höhe und Richtung aufrecht-
zuerhalten, muß auch die Motorspannung negativ werden durch Um-

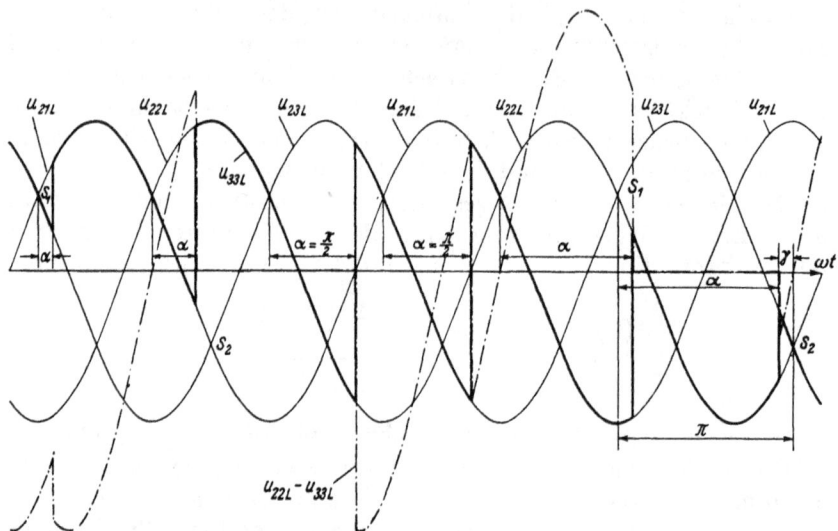

Bild 9. Änderung der Spannungsverhältnisse bei Übergang in Wechselrichterbetriebsweise durch
stufenweise Steigerung der Zündverzögerung α.

kehrung des Erregerstromes. Und zwar muß im negativen Gebiet,
wie Bild 8 zeigt, die Motorspannung absolut genommen größer werden
als die Stromrichterspannung. Die Spannungsabfälle müssen nunmehr
von der Motorspannung gedeckt werden und Gl. (4) für den Strom
nimmt jetzt die Form an:

$$i_{3m} = \frac{u_{31m} - u_{32b} - (u_{33mL})_{\alpha=0} \cdot \frac{1}{2\sqrt{2}} \cdot \frac{i_{3m}}{i_{2eV}} + (u_{33mL})_{\alpha=0} \cdot \cos\alpha}{R_3} \qquad . . (5)$$

$$\left(\frac{\pi}{2} < \alpha < \pi, \ \cos\alpha \ \text{negativ}\right)$$

Im negativen Gebiet muß sich nun die Leistungsrichtung umkehren.
Es wird jetzt bei gleicher Stromrichtung infolge Umkehrung der Spannungsrichtung Leistung vom Motor auf die Stromrichterschaltung übertragen. Der Motor arbeitet jetzt als Generator. In der Stromrichterschaltung zeigt sich das dadurch, daß die Stromführungszeit der einzelnen Wicklungen des Transformators in den Bereich der negativen
Halbwelle der zugehörigen Spannungen verschoben wird, wie uns der
Vergleich von Bild 9 links mit Bild 9 rechts zeigt. Die Stromrichterschaltung ist in den Wechselrichterbetrieb übergegangen. Dabei handelt

es sich aber nur um eine Verschiebung der Phasenlage des Stromes sekundärseitig und damit auch auf der Netzseite ohne eine grundsätzliche Änderung des zeitlichen Stromverlaufes, wie unten noch näher gezeigt wird.

Der Übergang auf Wechselrichterbetrieb, den wir hier durch allmähliche Vergrößerung der Zündverzögerung sowie Schwächen und Umkehr der Erregung des Motors durchgeführt haben, kann auch durch Vertauschen der Zuleitungen von Stromrichterschaltung und Motor und Umkehr der Stromrichtung im Motor erfolgen, wie Bild 10 oben zeigt. Wir können uns dabei vorstellen, daß ausgehend vom Gleichrichterbetrieb nach Bild 7 und Stromaufnahme die Erregung des Motors so weit erhöht wird, daß der aufgenommene Strom nach Gl. (4) sehr klein wird. Dann wird die Zuleitung zum Motor unterbrochen, die Zündverzögerung des Stromrichters sprunghaft auf den Wert nach Bild 9 rechts gebracht, und der Motor mit vertauschten

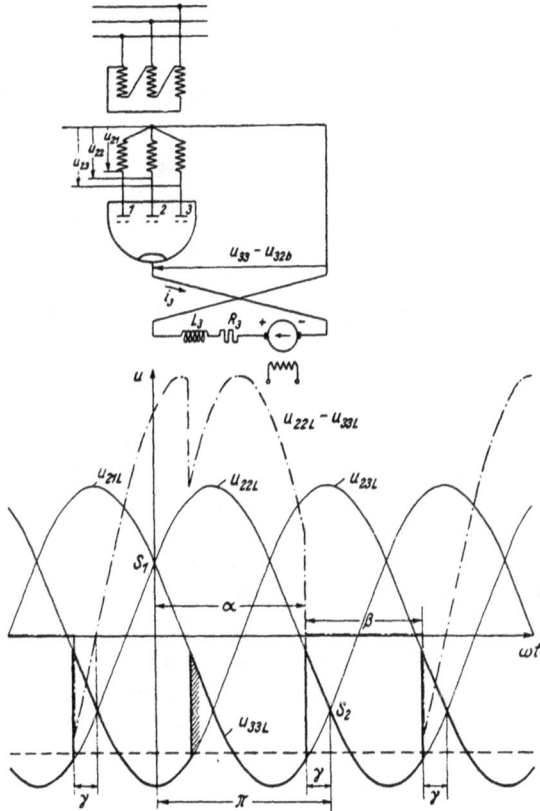

Bild 10. Schaltung und Spannungsverhältnisse eines Dreiphasengleichrichters zur Nutzbremsung eines Gleichstrommotors nach Übergang auf Wechselrichterbetriebsweise durch Wechsel der Zuleitungen bei gleichgerichteter Erregung des Motors.

Leitungen wieder eingeschaltet. Dann wird die Erregung des Motors so weit erhöht, daß der gleiche Strom in umgekehrter Richtung entsprechend Gl. (5) erreicht wird. Der Vergleich beider Gleichungen zeigt uns, daß die Erregung des Motors entsprechend einer Steigerung der inneren Spannung um:

$$\Delta u_{31m} = 2\left[u_{32b} + (u_{33mL})_{u=0} \cdot \frac{1}{2\mid 2} \cdot \frac{i_{3m}}{i_{2cV}} \right] \quad \ldots \ldots (6)$$

erhöht werden muß.

Will man die Erhöhung der Erregung des Motors vermeiden, so muß im Wechselrichterbetrieb die unten eingeführte Zündverfrühung γ größer eingestellt werden, so daß die mittlere Spannung um den doppelten Spannungsverlust kleiner wird. Das ist in Bild 10 im Vergleich zu Bild 7 durchgeführt. Die mittlere Wechselrichterspannung ist entsprechend der gestrichelten Spannungszeitfläche kleiner als die mittlere Gleichrichterspannung nach Bild 7.

Während wir bei der ersten Betrachtung Spannungsumkehr sowohl in der Stromrichterschaltung als auch im Motor bei gleichbleibendem Strom in beiden annahmen, geschieht jetzt das gleiche in der Stromrichterschaltung, da diese keine Stromumkehr zuläßt, dagegen im Motor wird unter Beibehaltung der Spannungsrichtung der Strom umgekehrt. Beides führt zu einem Wechsel der Energierichtung.

Wir haben in Gl. (5) vorausgesetzt, daß sich die Gl. (2) für die innere Stromrichterspannung bei Gleichrichterbetrieb auch auf den Wechselrichterbetrieb mit Zündverzögerungen $\alpha > \dfrac{\pi}{2}$ ausdehnen läßt. Das sei an Hand von Bild 9 und 10 näher erläutert. Bild 10 zeigt unten nochmals die in Bild 9 rechts erreichten Verhältnisse. Im Gleichrichterbetrieb kann die Zündung einer Anode frühestens beim Schnittpunkt der zugehörigen Phasenspannung mit der vorhergehenden erfolgen, der in Bild 10 mit S_1 bezeichnet ist; dann ist die Zündverzögerung $\alpha = 0$. Anderseits kann beim Wechselrichterbetrieb die Zündung spätestens beim zweiten Schnittpunkt der Phasenspannungen im Negativen erfolgen, der in Bild 10 mit S_2 bezeichnet ist. Nur bis zu diesem Schnittpunkt ist nämlich die Anodenspannung vor der Zündung positiv. Betrachten wir das beispielsweise für die zweite Anode. Die Kathode des Stromrichtergefäßes ist bei Stromführung der vorhergehenden Anode 1 mit der Wicklung 1 verbunden. Sie hat also abgesehen vom Brennspannungsabfall gegen den Sternpunkt des Transformators die Spannung u_{21}. Da die zweite Anode mit der Wicklung 2 verbunden ist und gegen den Sternpunkt daher die Spannung u_{22} hat, so kann eine Zündung der zweiten Anode nur erfolgen, solange $u_{22} - u_{21}$ positiv ist. Das ist nur bis zum Schnittpunkt S_2 der Fall. Die Berücksichtigung der Brennspannung u_{32b} führt dazu, daß bis zu diesem Schnittpunkt die Anodenspannung gerade noch den Wert u_{32b} hat. Wir werden aber gleich sehen, daß die Zündung im Wechselrichterbetrieb nicht bis zum Punkt S_2 verzögert werden kann, sondern praktisch genügend vor dem zweiten Schnittpunkt der Phasenspannungen liegen muß.

Wenn man nun den Abstand der Zündung im Wechselrichterbetrieb von dem S_2 zugehörigen Zeitpunkt mit Zündverfrühung γ bezeichnet, so sieht man aus Bild 10 im Vergleich zu Bild 7 oder aus Bild 9 links und rechts, daß eine Symmetrie im Verlauf der Stromrichterspannungen und Gleichheit der Mittelwerte bei Wechselrichter- und Gleichrichterbe-

trieb besteht, wenn die Zündverfrühung im Wechselrichterbetrieb (Bild 9
rechts) gleich der Zündverzögerung bei Gleichrichterbetrieb (Bild 9 links)
gewählt wird. Somit gilt für die mittlere Wechselrichterspannung:

$$u_{33\,mL} = -(u_{33\,mL})_{a\,=\,0}\cos\gamma \quad \dots \dots \dots \quad (7)$$

Da aber $\gamma = \pi - \alpha$ ist, wie Bild 9 rechts zeigt, so geht diese Beziehung
über in

$$u_{33\,mL} = -(u_{33\,mL})_{a\,=\,0}\cos(\pi - \alpha) = (u_{33\,mL})_{a\,=\,0}\cdot\cos\alpha \quad \dots \quad (8)$$

und wir sehen, daß Gl. (2) allgemein für die mittlere Stromrichterspannung gilt, wobei α auf den Bereich $0 < \alpha < \pi$ eingeschränkt ist. Praktisch ist es aber oft zweckmäßiger, die mittlere Wechselrichterspannung
auf die Zündverfrühung zurückzuführen, da dann unmittelbar der
Zusammenhang mit dem entsprechenden Verlauf der Gleichrichter-
spannungen klar ist.

b) Anodenspannungsverlauf und Entionisierungsbedingungen beim Wechselrichterbetrieb.

Ein wesentlicher Unterschied zwischen Gleichrichter- und Wechselrichterbetrieb besteht im Verlauf der Anodenspannung. In Bild 7, 9
und 10 ist die Anodenspannung der Anode 2 strichpunktiert eingezeichnet.
Während die Anodenspannung bei Gleichrichterbetrieb vorwiegend im
Negativen verläuft (Bild 7 und 9 links), wird bei Übergang auf Wechselrichterbetrieb der Verlauf vorwiegend ins Positive verlegt (Bild 9 rechts,
Bild 10). Insbesondere bleibt im Wechselrichterbetrieb die Anodenspannung nach erfolgter Löschung der Anode am Ende der Stromführungsdauer, wie Bild 10 zeigt, nur kurze Zeit, entsprechend der Zünd-
verfrühung, im Negativen. Das stellt erhöhte Anforderungen an die
Stromrichtergefäße. Nach erfolgter Löschung ist eine bestimmte Zeit
zur »Entionisierung« der betreffenden Stromrichterstrecke erforderlich.
In dieser Zeit muß die Anodenspannung negativ bleiben, weil erst nach
dieser Zeit die Strecke ihre Sperrfähigkeit wiedererlangt. Wenn diese
Zeit zu kurz ist, so wird trotz negativer Gitterspannung sofort beim
Wieder-Positiv-Werden der Anodenspannung eine Wiederzündung der
Strecke einsetzen, d. h. das Gefäß würde »Durchzünden«, was einem
Kurzschluß gleichkommt. Um das zu vermeiden, darf eine bestimmte
Zeit negativer Anodenspannung nicht unterschritten werden, d. h. die
Zündverfrühung darf schon aus diesem Grunde einen bestimmten
Minimalwert nicht unterschreiten. Daher kann der Stromrichter bei
Wechselrichterbetrieb niemals voll ausgesteuert werden ($\gamma = 0$) im
Unterschied zum Gleichrichterbetrieb. Diese Bedingung wird weiter
verschärft, wenn wir den Umschaltvorgang der Anodenströme berück-
sichtigen, wie später gezeigt wird.

Da die Entionisierung durch negative Gitterspannung unterstützt
wird, so muß im Wechselrichterbetrieb diese möglichst schon vor Ende
der Stromführungsdauer β nach Bild 10 wieder negativ sein. Das ist

beispielsweise durch eine Gitterspannung nach Art des Bildes 4 rechts gewährleistet, die aus einem kurzzeitigen positiven Spannungsstoß besteht, dem eine negative Sperrspannung überlagert wird. Unter allen Umständen muß aber die Gitterspannung vor Beginn positiver Anodenspannung wieder negativ sein. Deshalb ist eine Steuerung mit sinusförmiger Gitterspannung im Wechselrichterbetrieb unmöglich.

Bisher hatten wir den Übergang auf Wechselrichterbetrieb durch Umkehr der Erregung des Motors oder durch Wechsel der Anschlußleitungen mit einem mechanischen Schalter betrachtet. Will man das aber vermeiden,

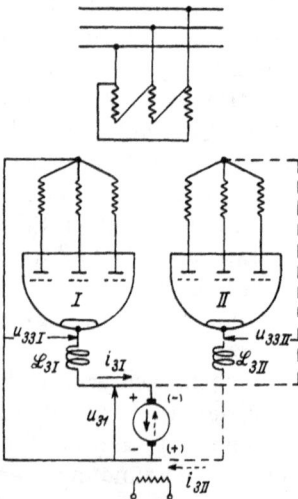

Bild 11. Dreiphasengleichrichter-Wechselrichterschaltung mit zwei Gefäßen zur Speisung eines Gleichstrommotors in beiden Drehrichtungen und für Rückarbeit oder Nutzbremsung.

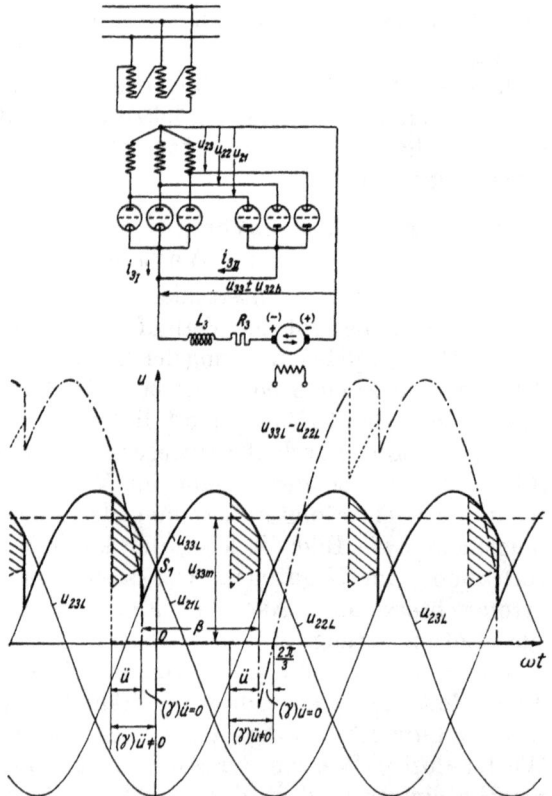

Bild 12. Dreiphasengleichrichter-Wechselrichterschaltung mit einanodigen Gefäßen zur Speisung eines Gleichstrommotors in beiden Drehrichtungen und für Rückarbeit oder Nutzbremsung. Unten Spannungsverhältnisse bei Rückarbeit bzw. Wechselrichterbetrieb.

so muß für die umgekehrte Stromrichtung ein gesondertes Stromrichtergefäß zur Verfügung gestellt werden, wie Bild 11 zeigt. Hier sind sozusagen die Schaltungen der Bilder 7 und 10 zusammengefaßt. Die Eigenschaften dieser Schaltung werden im folgenden Abschnitt noch näher untersucht.

Es besteht auch die Möglichkeit zu jedem Anodenzweig des Stromrichtergefäßes ein einanodiges Gefäß für umgekehrte Stromrichtung parallel zu schalten, wie Bild 12 zeigt. Dabei sind die Kathoden der parallel geschalteten Gefäße an verschiedene Transformatorwicklungen angeschlossen, so daß es einanodige Gefäße sein müssen. Das können beispielsweise Glühkathodengefäße oder einanodige Eisengefäße sein. Die Lage der Stromrichterspannung bei Wechselrichterbetrieb in dieser Schaltung zeigt Bild 12 unten im Vergleich zum Gleichrichterbetrieb nach Bild 7 unten. Da hier die Stromrichtung der Schaltung im Wechselrichterbetrieb umgekehrt wird, bleibt die mittlere Stromrichterspannung positiv. Die Zündverfrühung rechnet vom gleichen Schnittpunkt nach links, von dem die Zündverzögerung nach rechts rechnet. Wir erhalten im Positiven nach Bild 12 einen gleichen Spannungsverlauf wie in Bild 9 rechts und Bild 10 unten im Negativen. Ebenso gelten hier auch alle Überlegungen über die Anodenspannung, die in Bild 12 strichpunktiert eingezeichnet ist, und die Mindestzündverfrühung.

An dieser Schaltung wird die weitere Behandlung der Stromverhältnisse bei Wechselrichterbetrieb durchgeführt.

c) Der Umschaltvorgang der Anodenströme im Wechselrichterbetrieb.

Wir haben bisher den Umschaltvorgang der Anodenströme außer acht gelassen und einen sprunghaften Übergang von einer auf die folgende Phasenspannung angenommen. Wir werden nun sehen, daß die Beachtung des Umschaltvorganges im Wechselrichterbetrieb die Mindestzündverfrühung weiter heraufsetzt. Wir gehen vom Umschaltvorgang bei Gleichrichterbetrieb nach Bild 7 aus. Wenn wir vorwiegend induktive innere Widerstände des Transformators annehmen, geht der Anodenstrom von der in Bild 13 unten gezeichneten rechteckigen Form bei Berücksichtigung der inneren Widerstände in die in der Mitte wiedergegebene Form mit allmählichem Anstieg und Abfall über. Und zwar gelten für Gleichrichterbetrieb die positiven Ströme. Dabei ist eine so große Kathodendrossel vorausgesetzt, daß der überlagerte Wechselstrom zu vernachlässigen ist. Der Umschaltvorgang besteht darin, daß die Zündung der folgenden Anode, solange die vorgehende noch Strom führt, einen Kurzschluß des Transformators zwischen zwei Phasen herbeiführt. Der entsprechende Einschaltkurzschlußstrom ist negativ im Sinne der Stromrichtung der zu löschenden Anode, überlagert sich dem über diese fließenden Strom und bringt den Gesamtstrom auf Null, womit die Löschung erreicht ist. Gleichzeitig fließt der Einschaltwechselstrom über die zu zündende Anode positiv im Sinne der Stromrichtung und erreicht hier den Wert des Stromes über die zu löschende Anode vor der Umschaltung, d. h. des Kathodenstromes, womit die folgende Anode den Strom übernommen hat.

Der Anstieg beispielsweise des zweiten Anodenstromes läßt sich darstellen als Ausschnitt aus dem eingeschwungenen Wechselkurzschlußstrom $i_{22\,V}$ nach Bild 13 oben, der der verketteten Spannung $u_{22} - u_{21}$ um 90^{0} nacheilt. Dieser Ausschnitt ist in Bild 13 oben gestrichelt hervorgehoben. Bei rein induktiven Widerständen verläuft ja der Einschaltwechselstrom wie der Dauerstrom nur so verschoben, daß

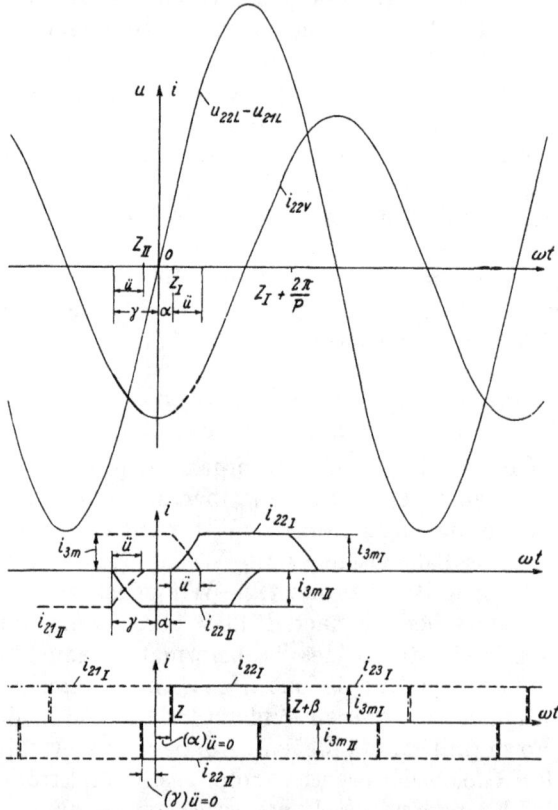

Bild 13. Stromverhältnisse bei Gleichrichterbetrieb (I) oder Wechselrichterbetrieb (II) in der Schaltung nach Bild 12 mit und ohne Berücksichtigung des Umschaltvorganges.

er mit Null beginnt. Es ist leicht zu übersehen, daß die Umschaltzeit von der Größe des Stromes $i_{22\,V}$, der Höhe des umzuschaltenden Kathodenstromes $i_{3\,m}$ und der Zündverzögerung abhängig sein muß.

Ganz ähnlich liegen die Stromverhältnisse im Wechselrichterbetrieb. Hier bedeutet die Berücksichtigung des Umschaltvorganges den Übergang von den negativen rechteckigen Anodenströmen, nach Bild 13 unten, auf die negativen Anodenströme mit allmählichem Anstieg und Abfall nach Bild 13 mitten. Dabei ist von vornherein zu beachten, daß die Einhaltung der notwendigen Entionisierungszeit zwingt, bei Berücksichtigung der Umschaltzeit die Mindestzündverfrühung zu vergrößern. Bild 12 zeigt am strichpunktierten Verlauf der Anodenspannung, wie wir früher bereits feststellten, daß ohne Berücksichtigung des Umschaltvorganges zur Entionisierung die Zündverfrühung $(\gamma)_{\ddot{u}=0}$ zur Verfügung steht. Da nun während des Umschaltvorganges die betrachtete Anode weiter Strom führt, so beginnt bei Berücksichtigung des Umschaltvorganges die Entionisierung erst am Ende der Umschaltzeit. Daraus ergibt sich, daß die Zündverfrühung jetzt um die Umschaltzeit $\ddot{u}$ vergrößert werden muß, wenn die Entionisierungszeit erhalten bleiben soll:

$$(\gamma)_{\ddot{u} \gtrless 0} = (\gamma)_{\ddot{u}=0} + \ddot{u} \quad \ldots \ldots \ldots \quad (9)$$

Diese Bedingung ist in Bild 12 und 13 beachtet und Bild 12 zeigt uns, daß dann der Verlauf der Anodenspannung im Bereich der Entionisierung unverändert bleibt. Der Einfluß des Umschaltvorganges auf die Anodenspannung ist in Bild 12 punktiert angegeben und beschränkt sich auf den Bereich positiver Anodenspannung.

Der Kurzschlußstrom, dem der Verlauf des Umschaltstromes im Wechselrichterbetrieb folgt, ist der gleiche wie für Gleichrichterbetrieb. In Bild 13 ist der dem »Anstieg« des Anodenstromes im Wechselrichterbetrieb entsprechende Ausschnitt aus dem Umschaltstrom stark hervorgehoben.

Der Vergleich der Bilder 12 mit 7 zeigt uns: Wechselrichterspannung und Gleichrichterspannung sind einander spiegelbildlich gleich, wenn die Zündverfrühung des Wechselrichters nach der Beziehung

$$\gamma = \alpha + \ddot{u} \quad \ldots \ldots \ldots \ldots \quad (10)$$

eingestellt wird.

Aus Bild 13 können wir für die Umschaltzeit im Gleichrichterbetrieb die Beziehung ablesen:

mit $i_{22V} = -\sqrt{2}\, i_{2eV} \cos \omega t$,

$$-\sqrt{2}\, i_{2eV}\, [\cos(\alpha + \ddot{u}) - \cos \alpha] = i_{3m}$$

$$\cos \alpha - \cos(\alpha + \ddot{u}) = \frac{1}{\sqrt{2}} \cdot \frac{i_{3m}}{i_{2eV}} \qquad \ldots \ldots \ldots \quad (11)$$

worin i_{2eV} der effektive Kurzschlußstrom ist. Ebenso können wir nach Bild 13 für die Umschaltzeit bei Wechselrichterbetrieb schreiben:

$$-\sqrt{2}\, i_{2eV}\, [\cos \gamma - \cos(\gamma - \ddot{u})] = i_{3m}$$

$$\text{oder} \quad \cos(\gamma - \ddot{u}) - \cos \gamma = \frac{1}{\sqrt{2}} \cdot \frac{i_{3m}}{i_{2eV}} \qquad \ldots \ldots \ldots \quad (12)$$

Mit (10) gehen beide Gleichungen ineinander über. In Bild 14 ist, aus diesen Gleichungen berechnet, $\ddot{u}$ in Abhängigkeit von α aufgetragen für verschiedene Werte $\dfrac{i_{3m}}{i_{2eV}}$. Die Kurven stellen das Verhalten der Umschaltzeit $\ddot{u}$ bei konstantem Belastungsstrom abhängig von der Zündverzögerung α bzw. Zündverfrühung γ, dar. Wir erkennen die starke Zunahme der Umschaltzeit $\ddot{u}$ nach kleineren Werten α bzw. γ hin, d. h. bei höherer Aussteuerung. Das hängt damit zusammen, wie aus Bild 13 folgt, daß der Ausschnitt aus dem Wechselkurzschlußstrom in

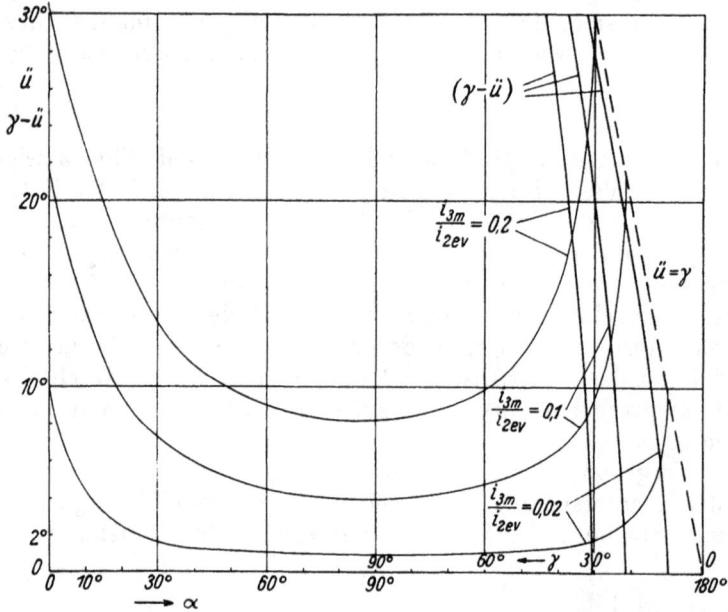

Bild 14. Umschaltzeit $\ddot{u}$ und verfügbare Entionisierungszeit bei Wechselrichterbetrieb $(\gamma - \ddot{u})$ abhängig von der Zündverzögerung α oder der Zündverfrühung γ für konstanten verhältnismäßigen Belastungsstrom $\frac{i_{3m}}{i_{2eV}}$.

der Umschaltzeit mit kleinen α-Werten in den flachen Teil des Stromverlaufes rückt.

In Bild 14 finden wir außerdem rechts in den drei steilen Kurven den Winkel $(\gamma - \ddot{u})$, dem die Entionisierungszeit bei Wechselrichterbetrieb entspricht. Wir sehen, daß mit abnehmender Zündverfrühung die Entionisierungszeit bzw. $(\gamma - \ddot{u})$ bei konstantem Strom abnimmt und Null wird, wenn die Umschaltzeit $\ddot{u}$ den Wert der Zündverzögerung erreicht. Hier liegt die theoretische Grenze des Wechselrichterbetriebes und die gestrichelte Gerade $\ddot{u} = \gamma$ bildet die Grenzkurve, in der die Kurven für die Umschaltzeit abbrechen. Praktisch muß eine bestimmte Entionisierungszeit eingehalten werden. Wir bezeichnen diese mit $(\gamma - \ddot{u})_{min}$. Soll diese beispielsweise 20° betragen und ist $\frac{i_{3m}}{i_{2eV}} = 0{,}1$ für die betrachtete Schaltung bei der beabsichtigten Belastung, so findet man als kleinste zulässige Zündverfrühung $\gamma_{min} = 30°$. Umgekehrt kann bei einer bestimmten Einstellung der Zündverfrühung beispielsweise $\gamma = 30^0$ der Strom nur bis entsprechend $\dfrac{i_{3m}}{i_{2eV}} = 0,1$ gesteigert werden, wenn die Entionisierungszeit $(\gamma - \ddot{u})_{\min}$ $= 20^0$ nicht unterschritten werden soll.

Den höchstzulässigen Strom erhalten wir allgemein, wenn wir in Gl. (12) die mindestzulässige Entionisierungszeit mit $(\gamma - \ddot{u})_{\min}$ einsetzen, zu:

$$\frac{(i_{3m})_{\max}}{i_{2eV}} = \sqrt{2}\,[\cos(\gamma - \ddot{u})_{\min} - \cos\gamma] \quad \ldots \ldots (13)$$

Diese Beziehung besagt, daß die Strombelastbarkeit um so kleiner ist, je näher γ an $(\gamma - \ddot{u})_{\min}$ heranrückt, d. h. je geringer die zur Verfügung stehende Umschaltzeit $\ddot{u}$ ist. Doch übersieht man die Grenze der zulässigen Strombelastung besser im Zusammenhang mit den Spannungsverhältnissen, die anschließend betrachtet seien.

d) Innere und äußere Stromrichterspannung im Wechselrichterbetrieb und Strombelastbarkeit.

Wir können den in Bild 12, ohne Berücksichtigung des Umschaltvorganges, gezeichneten Spannungsverlauf unter gewissen Einschränkungen als Leerlaufspannung der Stromrichterschaltung bezeichnen. Diese Einschränkungen bestehen darin, daß im Leerlauf dieser Spannungsverlauf nur erreicht wird bei ohmscher Belastung, dagegen bei einem Abnehmer mit Gegenspannung nur bei unendlich großer Kathodendrossel. Bei endlicher Kathodendrossel erreicht man mit steigender Gegenspannung den sog. lückenhaften Betrieb mit unterbrochenem Kathodenstrom [4, S. 150 f.].

In der Gleichrichterspannung wirkt sich der Umschaltvorgang als Absenkung der mittleren Spannung aus. Die entsprechenden Spannungszeitflächen sind in Bild 7 gestrichelt hervorgehoben. Für den Gleichrichterstrom nach Gl. (4) bedeutet das, daß bei fester Einstellung der Zündverzögerung α mit steigender Belastung die Motorgegenspannung u_{31m} noch um diesen Spannungsabfall zusätzlich absinkt, der, bezogen auf die Leerlaufspannung bei voller Aussteuerung, $(u_{33mL})_{\alpha = 0}$, dem Gleichstrom i_{3m} proportional ist (vgl. S. 19), genau wie der Spannungsabfall an den ohmschen Widerständen.

In der Wechselrichterspannung dagegen wirkt sich der Umschaltvorgang als Spannungserhöhung aus, wie uns Bild 12 erkennen läßt, wenn wir von der mittleren Spannung ausgehen, die der Zündverfrühung $(\gamma)_{\ddot{u} + 0}$ entspricht. Die Wechselrichterspannung verläuft anstatt beispielsweise bei $\omega t = -(\gamma)_{\ddot{u} + 0}$ von u_{21L} auf u_{22L} zu springen, auf der Mitte zwischen den Phasenspannungen, wie gestrichelt gezeichnet ist. Das ist aber eine höhere Spannung gegenüber u_{22}. Für den Strom nach Gl. (5) bedeutet das, daß bei fester Einstellung der Zündverfrühung γ die Generatorspannung erhöht werden muß bei steigender Belastung. Der Spannungsabfall infolge des Umschaltvorganges ist wie bei Gleichrichterbetrieb dem Strom proportional und hat wieder den Charakter eines ohmschen Spannungsabfalls.

Wenn die notwendige Entionisierungszeit $(\gamma - \ddot{u})_{min}$ vorgeschrieben ist, wird die Belastungsgrenze bei Wechselrichterbetrieb allgemein erreicht, wenn die Spannung den Wert:

$$(u_{33\,m})_{max}$$

$$= (u_{33\,m\,L})_{a\,=\,0} \cos \gamma + \frac{1}{2}\,(u_{33\,m\,L})_{a\,=\,0}\,[\cos\,(\gamma - \ddot{u})_{min} - \cos \gamma]$$

$$= (u_{33\,m\,L})_{a\,=\,0} \cdot \cos\,(\gamma - \ddot{u})_{min} - \frac{1}{2}\,(u_{33\,m\,L})_{a\,=\,0}\,[\cos\,(\gamma - \ddot{u})_{min} -\!- \cos \gamma]$$

$$. \ . \ (14)$$

erreicht hat. Diese Beziehung ist leicht an Hand von Bild 15 einzusehen. Die Zündverfrühung γ muß auf jeden Fall größer als $(\gamma - \ddot{u})_{min}$

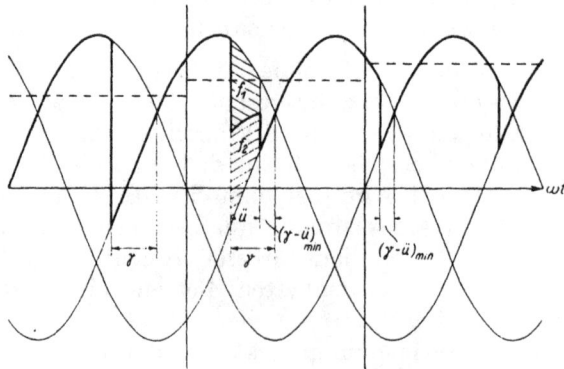

Bild 15. Zur Veranschaulichung des Einflusses des Umschaltvorganges auf die Wechselrichterspannung.

sein. Ohne Berücksichtigung des Umschaltvorganges ergibt sich beispielsweise der in Bild 15 links gezeichnete Spannungsverlauf mit der mittleren Spannung:

$$(u_{33\,m})_{\gamma,\ \ddot{u}\,=\,0} = (u_{33\,m\,L})_{a\,=\,0} \cdot \cos \gamma \ \ . \ . \ . \ . \ . \ (15)$$

Wenn andererseits die Zündverfrühung auf den Wert $(\gamma - \ddot{u})_{min}$ gebracht würde, was an sich im Leerlauf zulässig ist, so ergibt sich der in Bild 15 rechts gezeichnete Verlauf. Die mittlere Spannung wäre dabei auf den Wert:

$$(u_{33\,m})_{\gamma\,=\,(\gamma-\ddot{u})_{min},\ \ddot{u}\,=\,0} = (u_{33\,m\,L})_{a\,=\,0} \cdot \cos\,(\gamma - \ddot{u})_{min} \ \ . \ . \ (16)$$

angestiegen. Bild 15 zeigt uns in der Mitte, daß die zulässige Spannung bei Belastung, ausgehend von einer Zündverfrühung nach Bild 15 links und bei Einhaltung einer Entionisierungszeit $(\gamma - \ddot{u})_{min}$, in der Mitte zwischen der links und rechts erreichten mittleren Spannung liegen muß. Nach Bild 15 Mitte ergibt sich das einfach daraus, daß die mittlere Spannung bei Belastung gegenüber der linken Spannung entsprechend der Spannungszeitfläche f_2 größer ist und gegenüber der rechten Spannung entsprechend der Spannungszeitfläche f_1 kleiner. Nun sind f_1 und f_2 gleich, da die Spannung während der Umschaltzeit $\ddot{u}$ auf der Mitte zwischen den Phasenspannungen verläuft.

Somit wird die zulässige Spannung durch die Gl. (14) wiedergegeben, und das zweite Glied darin gibt uns die zulässige Spannungserhöhung bei Belastung an:

$$(\Delta u_{33m})_{\max} = \frac{1}{2} (u_{33\,m\,L})_{a\,=\,0} \cdot [\cos{(\gamma - \ddot{u})_{\min}} - \cos{\gamma}] \quad . \quad . \ (17)$$

Diese Beziehung ist zugleich die allgemeine Gleichung für die Spannungsänderung in Abhängigkeit von der Umschaltzeit. Vergleichen wir sie mit der Gl. (13) für die Beziehung zwischen Umschaltzeit und Strom, so kommen wir zu der schon benutzten Gleichung für die Spannungserhöhung in Abhängigkeit vom Strom:

$$\Delta u_{33m} = \frac{1}{2\sqrt{2}} \cdot \frac{i_{3\,m}}{i_{2\,e\,V}} (u_{33\,m\,L})_{a\,=\,0} \quad . \quad . \quad . \quad . \quad . \ (18)$$

Die Gl. (17) für die maximal zulässige Spannung bildet zusammen mit der Gleichung (13) für den maximal zulässigen Strom die Grundgleichungen für die Belastungsbegrenzung im Wechselrichterbetrieb bei vorgegebener Zündverfrühung γ und gefordertem Entionisierungsbereich $(\gamma - \ddot{u})_{\min}$. Die Gleichungen geben umgekehrt an, wie bei vorgegebener Entionisierungszeit und vorgegebenem Belastungsstrom die Zündverzögerung eingestellt werden muß, und welche Spannung man bei Belastung erhält. Wir können beide Gleichungen zusammenfassen unter Benutzung der zweiten Fassung von Gl. (14) und erhalten:

$$\frac{(u_{33m})_{\max}}{(u_{33\,m\,L})_{a\,=\,0}} = \cos{(\gamma - \ddot{u})_{\min}} - \frac{1}{2\sqrt{2}} \cdot \frac{(i_{3\,m})_{\max}}{i_{2\,e\,V}} \quad . \quad . \quad . \ (19)$$

Diese Gleichung ist in Bild 16 ausgewertet für den praktisch wichtigen Bereich hoher Wechselrichterspannung. Die einzelnen Geraden stellen für verschiedene Werte der Entionisierungszeit die zulässige Grenze von Strom und Spannung dar. In der Gleichung kommt die Zündverfrühung γ bzw. $\cos{\gamma}$ nicht mehr vor. Aber der Abfall der zulässigen Spannung mit steigendem Strom besagt schon, daß die Zündverfrühung gleichzeitig erhöht werden muß, denn bei konstanter Zündverfrühung würde ja die Spannung im Gegenteil steigen. Für ein bestimmtes Stromrichtergefäß besteht nun ein Zusammenhang zwischen der notwendigen Entionisierungszeit und dem Strom:

$$(\gamma - \ddot{u})_{\min} = f(i_{3\,m}) \quad . \quad . \quad . \quad . \quad . \quad . \quad . \ (20)$$

der erfahrungsgemäß festzustellen ist. Wenn wir diesen Zusammenhang in das Kennlinienfeld nach Bild 16 übertragen, in dem zu jedem Strom, bezogen auf den Kurzschlußstrom $i_{2e\,V}$, der Arbeitspunkt auf der dem zugehörigen Wert $(\gamma - \ddot{u})_{min}$ entsprechenden Geraden aufgesucht wird,

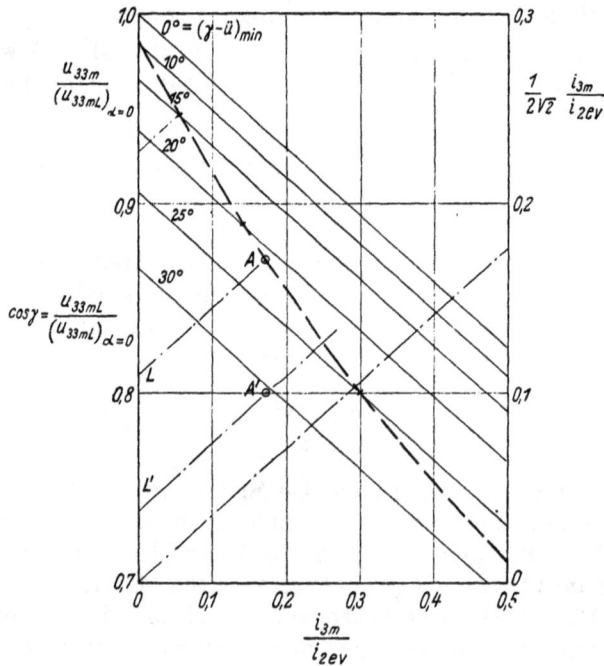

Bild 16. Stromspannungs-Kennlinien des Wechselrichters für konstante Entionisierungszeit.

erhalten wir beispielsweise die gestrichelte Grenzkurve. Das ist in einem bestimmten Fall die praktische Grenzkurve für Spannung und Strom; sie gilt aber nur für eine bestimmte Wechselrichterschaltung mit einem gegebenen Kurzschlußstrom $i_{2e\,V}$ und gegebenem Stromrichtergefäß, und muß für jede Anlage gesondert in das Kennlinienfeld eingetragen werden.

Ausgehend von dem zu einem bestimmten Strom gehörenden Arbeitspunkt beispielsweise A findet man die Leerlaufspannung bzw. cos γ durch eine parallele Linie AL zur Spannungsanstiegslinie nach Gl. (18). Diese ist strichpunktiert in Bild 16 eingetragen. Die Gerade LA stellt die Stromspannungskennlinie des Wechselrichters von Leerlauf bis Vollast dar, wobei die Zündverfrühung fest auf den durch den Punkt L festgelegten Wert eingestellt ist, und der Punkt A nicht überschritten werden darf.

Der Belastungsstrom i_{3m} erscheint im Diagramm, bezogen auf den effektiven Kurzschlußstrom $i_{2e\,V}$ bei Kurzschluß zweier aufeinanderfolgenden Anoden. Es wurde an anderer Stelle [4, S. 170.] gezeigt, daß der

Wert i_{2eV} bezogen auf den Nennstrom sich zurückführen läßt auf die prozentuale Kurzschlußspannung des Stromrichtertransformators einschließlich aller netzseitig oder anodenseitig vorgeschalteten Induktivitäten. An Stelle der Kurzschlußspannung wird sinngemäß das gleichwertige Verhältnis vom effektiven Nenn-Netzstrom i_{0e} zum Netzstrom i_{0eA} im Kurzschluß eingeführt, wobei der Kurzschluß, wie bei der Kurzschlußmessung, anodenseitig zu denken ist:

$$\frac{i_{0e}}{i_{0eA}} = \frac{\text{Prozentuale Kurzschlußspannung}}{100} \quad \ldots \ldots \text{(21)}$$

(Nach VDE 055 sind bei sechsphasigen Schaltungen nur drei um 120° entfernt liegende Anoden kurz zu schließen.)

Für die einzelnen Schaltungen ergeben sich dann folgende einfache Beziehungen zwischen $\dfrac{i_{3m}}{i_{2eV}}$ und $\dfrac{i_{0e}}{i_{0eA}}$:

Dreiphasenschaltungen:

$$\frac{i_{3m}}{i_{2eV}} = \sqrt{6} \cdot \frac{i_{0e}}{i_{0eA}} \quad \ldots \ldots \ldots \text{(22)}$$

Doppel-Dreiphasenschaltungen:

$$\left(\frac{\frac{i_{3m}}{2}}{i_{2eV}}\right) = \sqrt{2}\, \frac{i_{0e}}{i_{0eA}} \quad \ldots \ldots \ldots \text{(23)}$$

Sechsphasenschaltungen in:
Dreieck-Stern

$$\left(\frac{i_{3m}}{i_{2eV}}\right) = 3\sqrt{2}\, \frac{i_{0e}}{i_{0eA}} \quad \ldots \ldots \ldots \text{(24)}$$

Stern- oder Dreieck-Gabelstern

$$\left(\frac{i_{3m}}{i_{2eV}} = \sqrt{2}\, \frac{i_{0e}}{i_{0eA}}\right) \quad \ldots \ldots \ldots \text{(25)}$$

(Dieser letztere Wert gilt nur bei gemeinsamer Streuinduktivität aller auf dem gleichen Schenkel liegenden Wicklungen.)

Wir wollen uns im Zusammenhang mit diesen Werten die Verhältnisse noch an einem Beispiel veranschaulichen: Es soll aus einem Gleichstromnetz von 500 V mit 1000 A in ein Drehstromnetz zurückgearbeitet werden; gesucht ist die Zündwinkeleinstellung des Wechselrichters. Die mittlere innere Wechselrichterspannung ist um den ohmschen Spannungsabfall und den Lichtbogenabfall kleiner als 500 V. Wir nehmen den ohmschen Spannungsabfall im Gleichstromkreis mit 5% und die Lichtbogenspannung mit 20 V an und erhalten dann:

$$u_{33m} = u_{31m} - i_{3m} \cdot R_3 - u_{32b}$$
$$= 500 - 25 - 20 = 455 \text{ Volt} \quad \ldots \ldots \text{(26)}$$

Bei einer Leistung in der Größenordnung von 500 kW kann mit einer Kurzschlußspannung des Transformators von 4% gerechnet werden. Dann ist bei Vollast beispielsweise für die Sechsphasenschaltung in Dreieckstern

$$\text{mit} \quad P = 6, \frac{i_{3m}}{i_{2eV}} = 3\sqrt{2} \cdot 0{,}04 = 0{,}17 \quad \ldots \ldots \quad (27)$$

Damit kommt man auf den mit A bezeichneten Arbeitspunkt und findet bei L für die Aussteuerung den Wert $\cos \gamma = 0{,}81$. Da aber zum Arbeitspunkt A der Wert $\dfrac{u_{33m}}{(u_{33mL})_{a=0}} = 0{,}87$ gehört, so wird die höchste theoretische Leerlaufspannung:

$$(u_{33mL})_{a=0} = \frac{u_{33m}}{0{,}87} = \frac{455}{0{,}87} = 525 \text{ Volt} \quad \ldots \ldots \quad (28)$$

Diese Spannung ist der Berechnung der sekundären Phasenspannung des Wechselrichtertransformators nach Gl. (1) zugrunde zu legen:

$$\text{mit} \quad P = 6, \frac{P}{\pi} \cdot \sin \frac{\pi}{P} \sqrt{2}\, u_{2e} = (u_{33mL})_{a=0} = 525 \text{ Volt}$$

$$u_{2e} = 390 \text{ Volt} \quad \ldots \ldots \ldots \quad (29)$$

Hätten wir der Berechnung an Stelle der Sechsphasenschaltung die Doppel-Dreiphasenschaltung zugrunde gelegt, so würde:

$$\text{mit} \quad P = 2 \cdot 3, \frac{\frac{1}{2} \cdot i_{3m}}{i_{2eV}} = \sqrt{2} \cdot 0{,}04 = 0{,}057 \quad \ldots \ldots \quad (30)$$

werden, und der Arbeitspunkt liegt bedeutend höher, so daß $\cos \gamma = 0{,}93$ wird, wie in Bild 16 angedeutet. Die Doppel-Dreiphasenschaltung zeigt geringere Umschaltzeit, da nur der halbe Strom jeweilig umzuschalten ist bei größerer Umschaltspannung, und daher auch geringeren Spannungsanstieg. Die Arbeitskennlinie ist in Bild 16 oben eingezeichnet. Allerdings muß in der Doppel-Dreiphasenschaltung eigentlich mit einer höheren prozentualen Kurzschlußspannung gerechnet werden.

Wenn mit Spannungsschwankungen des Gleichstromnetzes oder des Drehstromnetzes zu rechnen ist, so kann der Arbeitspunkt nicht auf die Grenzkurve gelegt werden. Eine Absenkung der Spannung des Drehstromnetzes und damit auch der Wechselrichterspannung führt zu einer Stromsteigerung, ebenso wie ein Anstieg der Spannung des Gleichstromnetzes. Dadurch würde der Arbeitspunkt längs der strichpunktierten Linie in das unzulässige Gebiet rechts von der Grenzkurve rücken und Durchzündung zu erwarten sein. Bild 16 zeigt uns nun, daß es nicht möglich ist, dem durch die Steuerung entgegenzuwirken, ohne daß gleichzeitig der Belastungsstrom zurückgeht. Absinken der

Wechselspannung und Ansteigen der Gleichspannung bedeutet ja im Diagramm eine Vergrößerung des Verhältniswertes $\dfrac{u_{33m}}{(u_{33mL})_{a\,=\,0}}$, da $(u_{33mL})_{a\,=\,0}$ die von der Drehstromseite vorgegebene Spannung und u_{33m} die durch die Gleichstromseite bestimmte Spannung, abzüglich ohmscher Spannungsabfälle, darstellt. Es liegen aber die oberhalb der Punkte A zulässigen Werte bei kleineren Strömen.

Will man eine Überlastung zulassen und zugleich noch Regelmöglichkeit beispielsweise auf konstanten Strom schaffen, so muß der Arbeitspunkt genügend unter der Grenzkurve liegen, beispielsweise von A nach A' verlegt werden. Dann ist $\dfrac{u_{33m}}{(u_{33mL})_{a\,=\,0}} = 0,8$, und es ist bis zur Grenzkurve eine Stromsteigerung von 50% zulässig, wobei ca. 3% Steigerung der Wechselrichterspannung auftritt. $\dfrac{u_{33m}}{(u_{33mL})_{a\,=\,0}}$ steigt von 0,8 auf 0,826, $\dfrac{i_{3m}}{i_{2eV}}$ von 0,17 auf 0,25. Das bedeutet bei konstanter Wechselspannung eine zulässige Steigerung der treibenden Gleichspannung um etwa 5%, da diese Spannung sowohl die erhöhte Wechselrichterspannung als auch die erhöhten ohmschen Spannungsabfälle überwinden muß, oder umgekehrt eine zulässige Absenkung der Drehstromspannung um etwa 5%. Anderseits kann man nunmehr durch Reglung den Strom bei Spannungsschwankungen konstant halten. Wird dabei der Punkt A erreicht, so ist die Wechselrichterspannung auf den Verhältniswert 0,87, also um etwa 9% gestiegen. Das bedeutet, daß auch eine gleiche prozentuale Spannungssteigerung der Gleichspannung oder Spannungsabsenkung der Wechselspannung ausgeregelt werden kann.

Die Notwendigkeit der Belastungsbegrenzung bei Wechselrichterbetrieb mit Rücksicht auf die Entionisierung steht im Gegensatz zum Gleichrichterbetrieb, wo der Strom bis zum Kurzschlußstrom gesteigert werden kann, ohne daß die grundsätzliche Arbeitsweise in Frage gestellt ist. Allerdings besteht beim Gleichrichterbetrieb bei Überlastung die Gefahr des Einsetzens von Rückzündungen, infolge der hohen negativen Anodenspannungen. Da bei Wechselrichterbetrieb, wie wir gesehen haben, die Anodenspannung vorwiegend positiv ist, besteht hier diese Gefahr nicht. Bei Nichteinhaltung der Entionisierungszeit tritt im Wechselrichterbetrieb dagegen die Gefahr des Durchzündens auf, d. h. der frühzeitigen Zündung der Anoden zu Beginn positiver Anodenspannung. Nehmen wir an, in Bild 12 würde die zweite Anode nach erfolgter Löschung im Zeitpunkt $\dfrac{2\pi}{3}$ bereits wieder zünden, dann würde durch einen erneuten Umschaltvorgang der Strom von Anode 3 wieder auf Anode 2 übergehen. Die Stromrichterspannung würde aber jetzt der Phasenspannung u_{22} folgen, die ins Negative geht. D. h. die Strom-

richterspannung hört auf Gegenspannung gegenüber der Generatorspannung zu sein, unterstützt diese und führt zu kurzschlußartiger Steigerung des Anodenstromes.

e) Sekundäre und primäre Transformatorströme. Blindleistung.

Mit der Wahl des Arbeitspunktes liegt die sekundäre Transformatorspannung fest. Zur vollständigen Berechnung der Schaltung gehört noch
die Kenntnis der effektiven Stromstärken. Bild 13 zeigt uns bei Vergleich des Gleichrichterstromes beispielsweise der 2. Anode, $i_{22\,\mathrm{I}}$, mit
dem Wechselrichterstrom, $i_{22\,\mathrm{II}}$, daß der Verlauf der Ströme für beide
Betriebsarten, abgesehen vom Vorzeichen, spiegelbildlich ist. Daher sind
die Effektivwerte gleich, und es gilt auch für die effektiven Anodenströme bzw. sekundären Ströme bei Wechselrichterbetrieb die bei
Gleichrichterbetrieb gültige Beziehung:

$$i_{2e} \approx \frac{i_{3m}}{\sqrt{P}} \sqrt{1 - P \cdot \frac{\ddot{u}}{6\,\pi}} \quad \ldots \ldots \ldots \ldots \quad (31)$$

Diese Gleichung erfaßt den Einfluß der Umschaltzeit nur angenähert,
indem ein geradliniger Anstieg und Abfall in der Umschaltzeit angenommen ist [4, S. 179].

Da der primäre Strom sich aus den einzelnen Anodenströmen bei
Gleichrichter- und Wechselrichterbetrieb in gleicher Weise zusammen-
setzt, so ist auch der Verlauf des Primärstromes negativ spiegelbildlich
zu dem bei Gleichrichterbetrieb, und die Effektivwerte sind gleich.

An Hand von Bild 17 und 18 sei die Phasenlage der Ströme im
Gleichrichter- und Wechselrichterbetrieb noch näher betrachtet. Bild 17
zeigt uns links oben einen Anodenstrom und links unten den zugehörigen Netzstrom bei Gleichrichterbetrieb. Und zwar ist eine Stern-
Doppel-Dreiphasengleichrichterschaltung gewählt nach dem Vektordiagramm Bild 17 oben, da hier der Übergang auf den Netzstrom einfach zu übersehen ist. Eine Doppel-Dreiphasenschaltung enthält im
Prinzip zwei parallel arbeitende Dreiphasengleichrichterschaltungen
mit gemeinsamem Transformator. Bei der gewählten primären Stern-
schaltung ist der Netzstrom gleich dem Primärstrom, der seinerseits
beim Übersetzungsverhältnis 1 : 1 gleich der Differenz zweier um 180°
entfernter Anodenströme ist. Der der Kathode zufließende Gleichstrom
wird gewissermaßen in die einzelnen Anodenströme zerlegt, die auf die
Primärseite des Transformators übertragen und zu Wechselströmen zusammengesetzt werden. Das besagt auch der Name »Wechselrichtung«.

In Bild 17 oben ist nur der Anodenstrom des einen Dreiphasengleichrichters gezeichnet. Wenn im Gleichrichterbetrieb volle Aussteuerung eingestellt ist und der Umschaltvorgang vernachlässigt wird,
ergibt sich der gestrichelte Anodenstrom, der symmetrisch zur Phasen-

spannung liegt. Der zugehörige Netzstrom, Bild 17 links unten, hat eine Grundschwingung, die in Phase mit der Netzspannung liegt. Bild 18 zeigt diesen Fall links oben im Vektordiagramm. Der Strom ist mit $(i_0)_{\alpha=0,\,\ddot{u}=0}$ bezeichnet. Wenn jetzt Zündverzögerung einsetzt, so wird

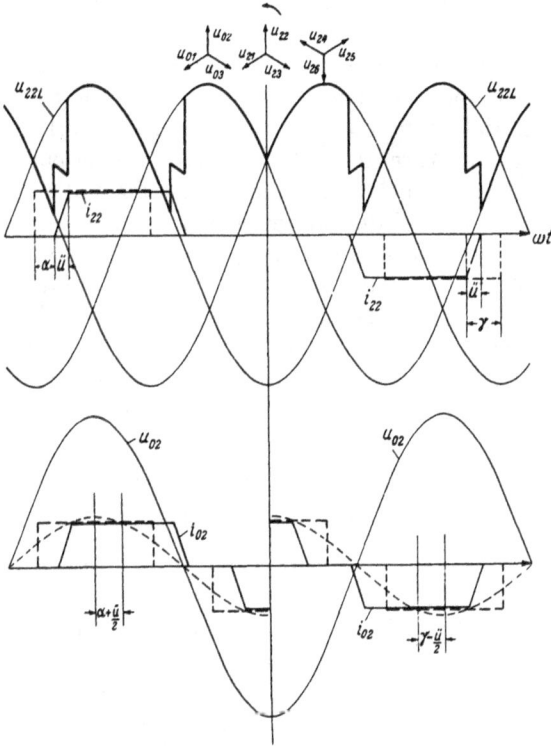

Bild 17. Einfluß der Zündverzögerung α bzw. Zündverfrühung γ und der Umschaltzeit $\ddot{u}$ auf den Anodenstrom (oben) und Netzstrom (unten) bei Gleichrichterbetrieb (links) und bei Wechselrichterbetrieb (rechts).

der Anodenstrom und der Netzstrom entsprechend der Zündverzögerung α nacheilen. Die Berücksichtigung des Umschaltvorganges bringt eine weitere Nacheilung mit sich, und zwar zeigt uns Bild 17, daß die Mittellinien vom Anodenstrom und Netzstrom in der positiven Halbwelle insgesamt um $\alpha + \dfrac{\ddot{u}}{2}$ verschoben sind, wenn wir angenähert geradlinigen Anstieg und Abfall annehmen. Um diese Verschiebung der Mittellinien ist auch die Grundschwingung des

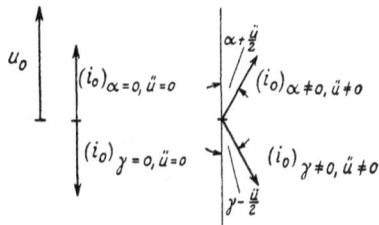

Bild 18. Die Grundschwingungen der Netzströme von Bild 17 unten im Vektordiagramm.

Netzstromes jetzt nacheilend. Daher gilt für den netzseitigen Verschiebungsfaktor:

$$\cos \varphi_0 \approx \cos \left(x + \frac{\ddot{u}}{2} \right) \quad \ldots \ldots \ldots \quad (32)$$

Diese Nacheilung ist im Vektordiagramm Bild 18 rechts oben angedeutet durch den Vektor $(i_0)_{a+0,\, \ddot{u}+0}$.

Im Wechselrichterbetrieb ist volle Aussteuerung an sich nicht möglich; wir würden aber vergleichsweise in diesem Fall den in Bild 17 rechts oben gestrichelt gezeichneten Anodenstrom erhalten, wenn wir der Betrachtung eine Wechselrichterschaltung mit einanodigen Gefäßen nach Art des Bildes 12 zugrunde legen. In diesem Falle ist der Wechselrichterstrom negativ. Bei den anderen Schaltungen nach Bild 10 bzw. 11 ist der Wechselrichterstrom zwar positiv, liegt aber um 180° verschoben, so daß die relative Lage zur Phasenspannung die gleiche ist. Der gestrichelte Netzstrom rechts unten hat eine Grundschwingung, die der Netzspannung um 180° nacheilt; das entspricht der Umkehr der Energierichtung beim Übergang auf Wechselrichterbetrieb. Der dem Strom entsprechende Vektor ist in Bild 18 links mit $(i_0)_{\gamma = 0,\, \ddot{u} = 0}$ bezeichnet.

Der Übergang auf den stark ausgezogenen tatsächlich möglichen Anodenstrom ergibt eine Voreilung der Mittellinie um $\gamma - \dfrac{\ddot{u}}{2}$, wie uns Bild 17 rechts unten zeigt. Im Gegensatz zur Verschiebung bei Gleichrichterbetrieb handelt es sich hier um eine Voreilung. Das bedeutet in Bild 18 oben eine Linksdrehung des Vektors, so daß der Strom im Wechselrichterbetrieb die Vektorlage von $(i_0)_{\gamma+0,\, \ddot{u}+0}$ hat. Dabei ist $\gamma = \alpha + \ddot{u}$ gesetzt, was mit der Bedingung übereinstimmt, die zu spiegelbildlichen Spannungs- und Stromverlauf führt, wie wir oben gesehen haben. Wenn wir die Vektoren in Bild 18 rechts in Wirk- und Blindstromkomponente aufteilen, so sehen wir, daß im Wechselrichterbetrieb genau wie im Gleichrichterbetrieb ein induktiver Blindstrom vom Netz geliefert werden muß, hervorgerufen durch Zündverzögerung bzw. Zündverfrühung. Da im Wechselrichterbetrieb grundsätzlich keine volle Aussteuerung möglich ist, hat man hier immer mit induktivem Blindstrom zu rechnen. Für den Verschiebungsfaktor im Wechselrichterbetrieb gilt:

$$\cos \varphi_0 \approx \cos \left(\gamma - \frac{\ddot{u}}{2} \right) \quad \ldots \ldots \ldots \quad (33)$$

Wir hatten bei dem oben gewählten Beispiel entsprechend dem Arbeitspunkt A in Bild 16 mit einer Entionisierungszeit $(\gamma - \ddot{u})_{\text{min}} \sim 21°$ zu rechnen, und es war $\cos \gamma = 0,81$ bzw. $\gamma = 36°$. Demnach würde $\ddot{u} = 15°$ sein, d. h. der Vorschiebungsfaktor wird $\cos \varphi_0 \approx \cos 28,5°$ $= 0,88$.

Schließlich ist noch zu sagen, daß bei spiegelbildlichem Verlauf auch die Oberschwingungen im Netzstrom die gleichen sind wie beim Gleichrichterbetrieb.

Abschließend sei der Übergang von Gleichrichter- auf Wechselrichterbetrieb nach Bild 7 und 9 für eine sechsphasige Schaltung noch in zwei Oszillogrammen gezeigt.

Oben ist die Stromrichterspannung und unten der Anodenstrom und die zugehörige Transformatorphasenspannung aufgenommen. Wir

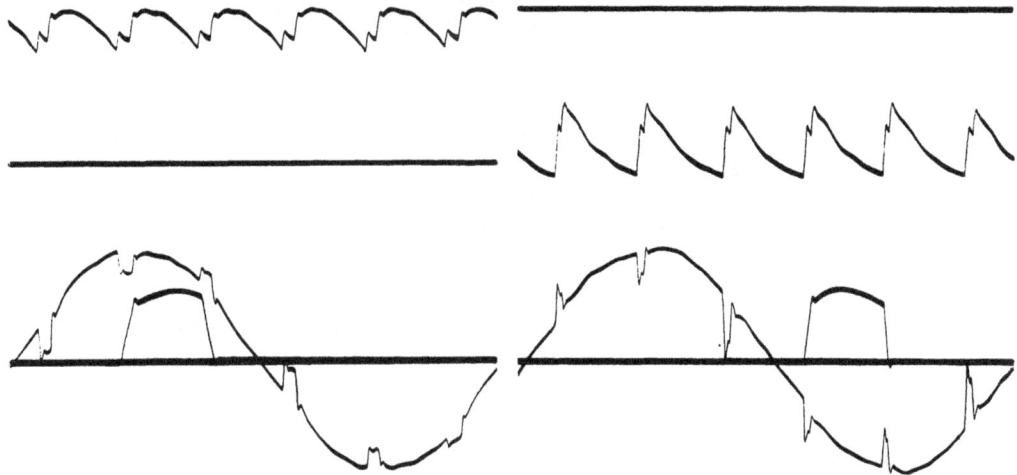

Bild 19. Phasenspannung und Phasen- bzw. Anodenstrom eines Sechsphasengleichrichters bei Gleichrichterbetrieb (links) und Wechselrichterbetrieb (rechts).

schen, daß bei Gleichrichterbetrieb, Bild 19 links, die Stromrichterspannung positiv ist und der Anodenstrom in den Bereich der positiven Halbwelle der Transformatorspannung fällt. Der Umschaltvorgang ist an der Gleichrichterspannung links oben erkennbar. In der Transformatorphasenspannung unten sieht man die Beeinflussung durch die Umschaltvorgänge. Der Übergang auf Wechselrichterbetrieb geschah bei konstanter Gleichspannung. Um den gleichen Strom zu erreichen, mußte die jetzt negative Stromrichterspannung, wie Bild 19 rechts zeigt, herabgesetzt werden. Daher ist auch die Dauer des Umschaltvorganges der Anodenströme zurückgegangen, was man an der kleiner gewordenen Stufenbreite in dem Spannungsverlauf erkennt. Der Unterschied zwischen den Mittelwerten der beiden Stromrichterspannungen ist der Wert $2\,u_{32b} + 2 \cdot \dfrac{1}{2\sqrt{2}} \cdot \dfrac{i_{3m}}{i_{2ev}} \cdot (u_{33mL})_{a=0}$. Der Anodenstrom liegt bei Wechselrichterbetrieb im Bereich der negativen Halbwelle der Phasenspannung entsprechend der Umkehr der Energierichtung.

Damit sind grundsätzlich die Strom- und Spannungsverhältnisse im Wechselrichterbetrieb auf die des Gleichrichterbetriebes mit der Zündverzögerung $\alpha = \gamma - \ddot{u}$ zurückgeführt und der Einfluß der notwendigen Entionisierungszeit auf die Festlegung der Mindestzündverfrühung γ_{min} dargelegt.

Wir haben in diesem Abschnitt vorwiegend die Dreiphasenschaltung als Beispiel herangezogen, um die allgemeinen Beziehungen zwischen Gleichrichter- und Wechselrichterbetrieb zu klären. Die Ergebnisse lassen sich auf jede der gebräuchlichen Mehrphasengleichrichterschaltungen übertragen, die man anwendet, um die Welligkeit der Gleichrichterspannung herabzusetzen und den Netzstrom mehr der Sinusform anzunähern.

So stellt die Dreieck-Stern-Sechsphasenschaltung nur eine Erweiterung der sekundären Phasenzahl dar, und es lassen sich alle Überlegungen unmittelbar darauf übertragen. Die vielfach benutzte Doppeldreiphasenschaltung mit Saugdrossel läßt sich bei voller Belastung, wie gesagt, als die Parallelschaltung zweier Gleichrichterschaltungen über Parallelschaltdrosselspulen mit gemeinsamem Eisenkern auffassen. Sinngemäß sind die Betriebsverhältnisse der einzelnen Gleichrichterschaltung übereinstimmend mit denen des Dreiphasengleichrichters. Nur bei Übergang zum Leerlauf zeigen sich Besonderheiten, indem die Schaltung in Sechsphasenbetriebsweise übergeht [4, S. 209].

2. Betriebseigenschaften von Gleichrichter-Wechselrichterschaltungen.

a) Einstellung der Zündwinkel.

Wir haben bisher den Wechselrichterbetrieb einer Schaltung gesondert betrachtet. Es soll nunmehr noch näher eingegangen werden auf die Betriebseigenschaften von Schaltungen, die einen ständigen Wechsel von Gleichrichter- in Wechselrichterbetrieb und umgekehrt zulassen, je nach der gewünschten Energierichtung. Dazu sind Schaltungen geeignet, die entweder einen mechanischen Schalter besitzen zum Vertauschen der Leitungen im Kathodenzweig entsprechend dem Übergang von Bild 7 auf Bild 10 oder zwei Gefäße und zwei Transformatorwicklungen nach Bild 11 aufweisen. Diese Schaltungen können wir abkürzend als »Eingefäßschaltung« und »Zweigefäßschaltung« unterscheiden.

Wir haben gesehen, daß die mittlere innere Stromrichterspannung ohne Berücksichtigung der Spannungsabfälle, die mit Einschränkung als Leerlaufspannung bezeichnet wurde, abhängig vom Zündverzögerungswinkel α einem Kosinusgesetz folgt über den ganzen Arbeitsbereich vom Gleichrichter- zum Wechselrichterbetrieb. Das gilt unabhängig von der sekundären Phasenzahl der Schaltung. In Bild 20 oben ist diese Spannung durch die ausgezogenen Kurven dargestellt. Und zwar gilt die mit +1 links beginnende Kurve für die Spannung in der Eingefäß-schaltung in der Schaltstellung nach Bild 7, sowie für den Betrieb des linken Gefäßes der Zweigefäßschaltung nach Bild 11. Die links mit —1

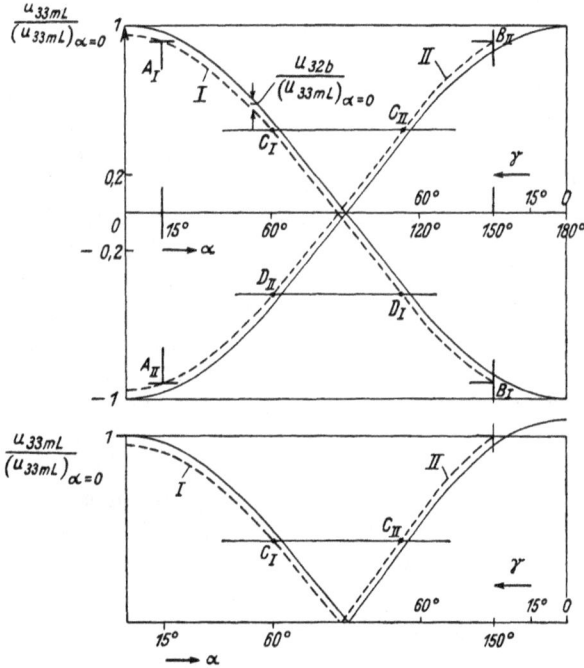

Bild 20. Regelkennlinien einer Gleichrichter-Wechselrichterschaltung.

beginnende Kurve gilt für die Spannung in der Eingefäßschaltung nach der Umschaltung auf die Schaltung nach Bild 10 und für den Betrieb des rechten Gefäßes der Schaltung nach Bild 11. Dabei ist allerdings der Richtungssinn der Spannung vom Motor- oder Gleich-strom-Netzanschluß aus betrachtet, denn die Spannung zwischen Kathode und Sternpunkt des Transformators, die eigentliche Stromrichterspan-nung ändert sich ja in der Polarität nicht durch die Umschaltung oder den Übergang auf das andere Gefäß sondern nur mit dem Zündwinkel. In diesem Sinne wird in diesem Abschnitt von mittlerer Stromrichter-spannung gesprochen.

Die meßbare Stromrichterspannung weicht um die Brennspannung u_{32b} von der inneren Spannung ab. Entsprechend der Richtung von u_{32b}, die als Gegenspannung, bezogen auf die Stromrichtung, aufgefaßt werden kann, ist die meßbare Spannung bei Gleichrichterbetrieb kleiner und bei Wechselrichterbetrieb größer. So entstehen die gestrichelten Kurven für die meßbare Stromrichterspannung in Bild 20 abhängig von der Zündverzögerung. Dabei ist angenommen, daß die mittlere Bogenspannung 5% der höchsten inneren Stromrichterspannung $(u_{33mL})_{\alpha=0}$ beträgt.

Die Einhaltung der notwendigen Entionisierungszeit zwingt die Zündverzögerung bei Übergang auf Wechselrichterbetrieb zu begrenzen: so brechen die gestrichelten Kurven in den Punkten B_I und B_{II} bei $x = 150^0$ ab.

Nehmen wir nun eine bestimmte Zündverzögerung an und betrachten die Abhängigkeit der meßbaren Stromrichterspannung vom Belastungsstrom, so ergeben sich die Kennlinien in Bild 21. Der rechte obere Teil gilt z. B. für das erste Gefäß bei Gleichrichterbetrieb. Bei rein induktiven inneren Widerständen des Transformators ist der durch den Umschaltvorgang hervorgerufene Spannungsabfall proportional dem Strom. Daher fallen die Kennlinien geradlinig mit dem Strom ab. Sie beginnen praktisch nicht bei den theoretischen Leerlaufspannungen der gestrichelten Kurven in Bild 20, denn bei kleinen Werten beginnt der Kathodenstrom lückenhaft zu werden, und die Gegenspannung (Netzspannung, Generatorspannung) muß wesentlich höher ansteigen, ehe der Strom vollständig Null wird. Bei welchem Stromwert diese Abweichung einsetzt, hängt von der Größe der Kathodendrossel ab [4, S. 161].

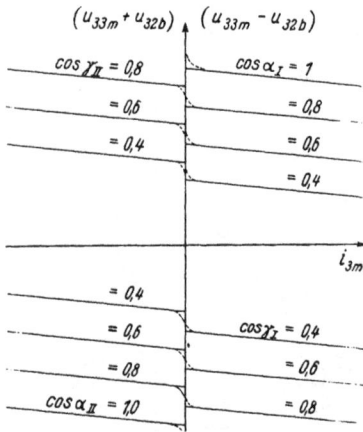

Bild 21. Belastungskennlinien einer Gleichrichter-Wechselrichterschaltung.

Die Kennlinien für das erste Gefäß bei Wechselrichterbetrieb enthält Bild 21 rechts unten. Sie beginnen bei gleicher Zündverfrühung wie die Zündverzögerung im Gleichrichterbetrieb, $\gamma = \alpha$, auf der Ordinatenachse bei Strecken, die um $2\,u_{32b}$ negativer sind, und verlaufen in Abhängigkeit vom Strom zu höher negativen Werten. Auch hier beginnen die praktischen Kennlinien nicht bei der theoretischen Leerlaufspannung, sondern es setzt schon bei tieferen Spannungen ein lückenhafter Strom ein, wie in Bild 21 gestrichelt angedeutet ist.

Die linke Seite des Bildes 21 gilt in der Eingefäßschaltung nach der Umschaltung und für das zweite Gefäß der Zweigefäßschaltung. Die Leerlaufwerte gehören zu der mit —0,95 in Bild 20 links beginnenden gestrichelten Kurve.

Da der mittlere Spannungsabfall am ohmschen Widerstand im Kathodenzweig auch dem mittleren Strom porportional ist, so ergeben sich Kennlinien dieser Art auch für die mittlere Verbraucherspannung.

Der Übergang von Gleichrichter- auf Wechselrichterbetrieb bedeutet bei gleichbleibender Polarität der Gleichspannung in dem Kennlinienfeld nach Bild 21 Übergang von einem Arbeitspunkt im rechten oberen Quadranten auf einen solchen im linken oberen Quadranten oder von einem Arbeitspunkt im linken unteren Quadranten zu einem solchen im rechten unteren Quadranten. Dabei wird gleichzeitig die Zuleitung umgepolt oder das Gefäß gewechselt. Bei Übergang von Gleichrichter- auf Wechselrichterbetrieb bei ein und demselben Gefäß ohne Umschaltung muß, wie wir gesehen haben, die Polarität der Gleichspannung umgekehrt werden. Dem entspricht in Bild 21 ein Übergang von rechts oben nach rechts unten bzw. links unten nach links oben.

Für viele Anwendungen ist es zweckmäßig in der Zweigefäßschaltung die Steuerungen der beiden Gefäße so miteinander zu kuppeln, daß bei jeder Einstellung die Leerlaufspannungen gleich sind. D. h. nach Bild 20 gehört dann zu jedem Leerlaufpunkt auf der Spannungskennlinie des einen Gefäßes ein Punkt auf der Kennlinie des anderen Gefäßes, z. B. C_I, D_I gehört zu C_{II}, D_{II}. Die Kupplung der Steuerungen muß so durchgeführt werden, daß beispielsweise die zu C_I gehörende Zündverzögerung $\alpha_I = 60^0$ der zu C_{II} gehörenden Zündverzögerung $\alpha_{II} = 105^0$ zugeordnet ist. Durch Verschieben der Horizontalen durch C_I und C_{II} erhält man die Abhängigkeit der Zündverzögerungen über dem ganzen Bereich. Wir können dafür auch die Gl. (34) anschreiben:

$$(u_{33mL})_{a=0} \cdot \cos \alpha_1 - u_{32b} = -((u_{33mL})_{a=0} \cos \alpha_{II} - u_{32b})$$

$$\text{bzw.} \quad \cos \alpha_{II} = -\cos \alpha_I + \frac{2 \, u_{32b}}{(u_{33mL})_{a=0}} \quad \ldots \ldots \ldots (34)$$

Praktisch läßt sich diese Abhängigkeit z. B. erreichen, indem man für jedes Gefäß einen Drehtransformator zur Steuerung benutzt, deren Achsen über eine Kurvenscheibe so miteinander verbunden sind, daß diese Beziehung erfüllt wird. Man kann diese Kupplung der Steuerungen auch so auffassen, daß bei Gleichrichterbetrieb des einen Gefäßes jeder Zündverzögerung α eine Zündverfrühung γ im Wechselrichterbetrieb des anderen Gefäßes zugeordnet wird. Für diese Zuordnungen gelten nach Bild 20 die Gleichungen:

$$\cos \gamma_{II} + \frac{u_{32b}}{(u_{33mL})_{a=0}} = \cos \alpha_I - \frac{u_{32b}}{(u_{33mL})_{a=0}}$$

$$\text{bzw.} \quad \cos \gamma_{II} + \frac{2 \, u_{32b}}{(u_{33mL})_{a=0}} = \cos \alpha_I$$

$$\text{oder} \quad \cos \gamma_I + \frac{u_{32b}}{(u_{33mL})_{a=0}} = \cos \alpha_{II} - \frac{u_{32b}}{(u_{33mL})_{a=0}}$$

$$\text{bzw.} \quad \cos \gamma_I + \frac{2 \, u_{32b}}{(u_{33mL})_{a=0}} = \cos \alpha_{II} \quad \ldots \ldots \ldots (35)$$

Wenn so Zündverfrühung und Zündverzögerung miteinander gekuppelt sind, ergibt sich ein Kennlinienfeld nach Bild 22. Hier beginnen bei einer bestimmten gemeinsamen Einstellung der Steuerung die Kennlinien beim gleichen Leerlaufspannungswert; es ist ein stetiger Übergang vom Gleichrichter- auf Wechselrichterbetrieb und umgekehrt durch Steigen oder Fallen der Gleichspannung möglich.

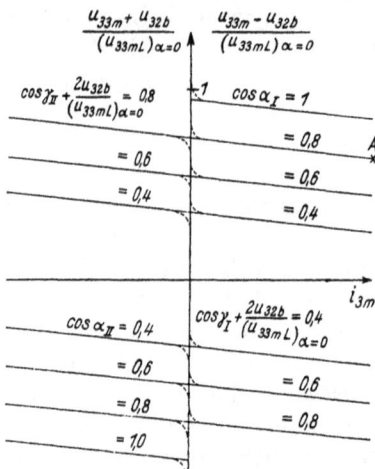

Zwei so miteinander verbundene Steuerungen können auch bei der Eingefäßschaltung verwendet werden. Es muß dann mit Umlegen des Hauptschalters auch die Steuerung gewechselt werden.

Da die Zündverzögerung im Wechselrichterbetrieb auf einen Maximalwert beschränkt ist (bzw. die Zündverfrühung auf einen Minimalwert), so ist bei Kupplung der Steuerungen die Zündverzögerung bei Gleichrichterbetrieb auf einen dazugehörigen Minimalwert beschränkt. In Bild 20 ist beispielsweise $\alpha_{max} = 150^0$ ($\gamma_{min} = 30^0$) gewählt, so daß $\alpha_{min} = 15^0$ wird.

Bild 22. Belastungskennlinien einer Gleichrichter-Wechselrichterschaltung bei gemeinsamer Einstellung der Steuerungen für beide Betriebsarten auf gleiche Leerlaufspannungen.

Das entspricht der Zugehörigkeit der Arbeitspunkte B_{II} und B_I zu den Punkten A_I und A_{II}. Das hat aber den Nachteil, daß im Gleichrichterbetrieb immer eine Phasennacheilung des Stromes von mindestens 15^0 übrigbleibt.

Wenn in der Zweigefäßschaltung das eine Gefäß ausschließlich im Wechselrichterbetrieb benutzt wird, kann die Angleichung der Leerlaufspannungen auch durch Erhöhung der Transformatorspannung des Wechselrichterbetriebes erreicht werden, ohne die Aussteuerung des Gleichrichteranteils einzuschränken. Bild 20 unten zeigt, daß für diesen Fall der Wechselrichterast höher rückt und der Zusammenhang der Zündverzögerung α mit der Zündverfrühung γ ein anderer wird.

Schließlich bietet die Steuerung die Möglichkeit, den Spannungsabfall im Gleichrichter- und Wechselrichterbetrieb auszugleichen oder zu übertreffen, so daß mit steigendem Strom die Spannung konstant bleibt, oder ansteigt bzw. abfällt, um den inneren Spannungsabfall des Verbrauchers beispielsweise eines Gleichstrommotors mit auszugleichen. Dazu muß der Gleichstrom im Sinne abnehmender oder steigender Zündverfrühung auf die Steuerung zurückwirken. Die Kennlinien in Bild 21 verlaufen dann bis zu einem gewünschten Strom wagrecht oder ansteigend im Gleichrichter-, abfallend im Wechselrichterbetrieb.

b) Ausgleichsströme in der Zweigefäßschaltung.

In der Zweigefäßschaltung besteht die Möglichkeit, das Gleichrichtergefäß und das zugehörige Wechselrichtergefäß gleichzeitig durch die miteinander verbundenen Steuerungen eingeschaltet zu lassen. Dadurch wird jede Umschaltung beim Übergang von Gleichrichter- auf Wechselrichterbetrieb und umgekehrt vermieden, denn die Betriebsumstellung setzt selbsttätig beim Steigen und Fallen der Spannung des Gleichstromnetzes ein, entsprechend der Kennlinie in Bild 22. Bei dieser Betriebsweise fließt aber dauernd ein Strom über das eigentlich nicht im Betrieb befindliche Gefäß. Wir wollen uns das für den Fall klarmachen, daß das Gleichrichtergefäß mit vollem Strom arbeitet, z. B. mit einem Arbeitspunkt A auf der Kennlinie für $\cos \alpha_I = 0{,}8$ in Bild 22. Zur Begrenzung dieses Ausgleichsstromes dienen in der Schaltung nach Bild 11 die beiden Drosseln L_{31} und L_{32}. Diese Drosseln können zugleich die Rolle der Glättungsdrossel L_3 übernehmen. Wir wollen daher von dem Fall ausgehen, daß nur diese vorhanden sind. Die theoretischen inneren Leerlaufspannungen, die zur Kennlinie für $\cos \alpha_I = 0{,}8$ in Bild 22 gehören, sind in Bild 23 wieder für einen Dreiphasengleichrichter dargestellt. Die ausgezogene Kurve gilt für das im Gleichrichterbetrieb, die gestrichelte für das im Wechselrichterbetrieb arbeitende Gefäß. Die

Bild 23. Stromrichterspannungen und Ausgleichsströme des in Wechselrichterbereitschaft mitlaufenden Stromrichters einer Gleichrichter-Wechselrichterschaltung nach Bild 11.

Mittelwerte der inneren Spannungen sind um die doppelte Brennspannung $2\,u_{32b}$ voneinander verschieden, die meßbare mittlere Leerlaufspannung liegt zwischen den eingezeichneten mittleren Spannungen und ist strichpunktiert angegeben. Die mittlere meßbare Spannung bei Gleichrichterbetrieb liegt um den inneren Spannungsabfall bei Belastung tiefer als die strichpunktierte Linie. In Bild 22 ist für den

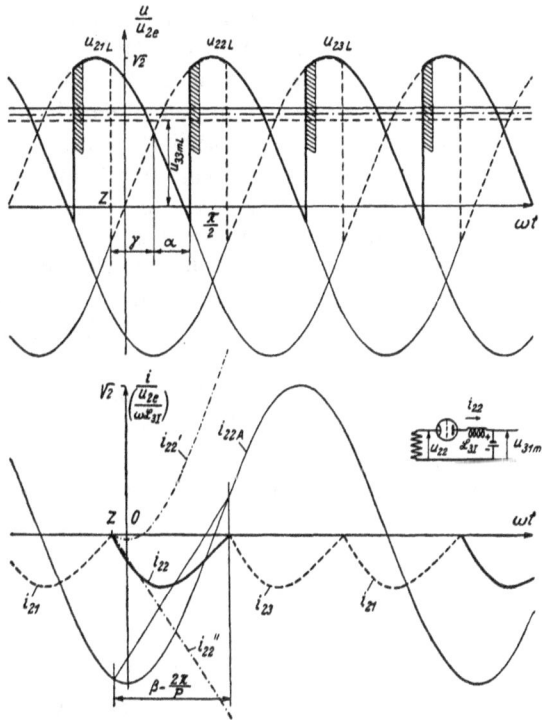

Arbeitspunkt A eine Abnahme der Spannung um 10% der Gleichrichterspannung bei voller Aussteuerung $(u_{33\,m\,L})_{\alpha\,=\,0}$ angenommen. Ein Teil dieses Spannungsabfalles entfällt auf den Umschaltvorgang — die entsprechende Spannungszeitfläche ist in Bild 23 gestrichelt hervorgehoben —, ein Teil auf die ohmschen Widerstände. Die so abgesenkte Stromrichterspannung ist nach Bild 11 mit $u_{33\,m\,L} - \varDelta u_{33\,m} = u_{31\,m}$ als treibende Spannung für das im Wechselrichterbetrieb befindliche Gefäß aufzufassen. Da diese Spannung tiefer liegt als die Leerlaufspannung bei Wechselrichterbetrieb, so muß der Strom dieses Gefäßes lückenhaft werden. (Das entspricht den Stromrichterverhältnissen bei Gleichrichterbetrieb, wenn die Gegenspannung höher liegt als die mittlere Gleichrichterspannung.)

In Bild 23 unten ist der Strom über die zweite Anode des Wechselrichtergefäßes, i_{22}, konstruiert. Dabei ist von der Absenkung der für das Wechselrichtergefäß treibenden Gleichrichterspannung abgesehen und als treibende Spannung die gemeinsame Leerlaufspannung angesehen. Dadurch ist der konstruierte Strom etwas größer als der im Betrieb auftretende. Bei dieser Spannung beginnt der Strom bei sehr großer Kathodendrossel gerade erst lückenhaft zu werden. Die einzelnen Anoden des Wechselrichtergefäßes arbeiten ohne Ablösungsvorgang unabhängig voneinander, weil der Strom der vorhergehenden Anode schon Null geworden ist, ehe die folgende zündet. Wir können dann während der Stromführungszeit einer Anode die Ersatzschaltung nach Bild 23 Mitte anwenden. Sie entspricht einem Einphasengleichrichter, der über eine Induktivität auf eine Gegenspannung geschaltet ist, nur daß, entgegen der normalen Einphasenschaltung z. B. zum Laden eines Akkumulators, die Einschaltrichtung der Stromrichterstrecke umgekehrt ist. Hier ist die Gegenspannung treibende Spannung, es ist eine Zündung möglich, solange die Gegenspannung noch größer als die Wechselspannung ist. Das ist beim eingestellten Zündwinkel (Z in Bild 23 links oben) für das Wechselrichtergefäß auch der Fall. Der Stromverlauf läßt sich genau wie beim Einphasengleichrichter bildlich gewinnen als Differenz von Einschaltwechselstrom i''_{22} mit dem Einschaltgegenstrom i''_{22}, die im Zündzeitpunkt mit Null beginnend in Bild 23 unten strichpunktiert gezeichnet sind. Der Einschaltwechselstrom ist der verschobene Dauer-Wechselkurzschlußstrom $i_{22\,A}$, der ebenfalls gezeichnet ist und dessen Effektivwert $i_{2e\,A}$ ist. Der Einschaltgegenstrom entspricht dem Anlegen der Spannung $u_{31\,m}$ an die Induktivität. Man kann den Strom auch einfacher konstruieren, indem man den umgekehrten Gegenstrom auf den stationären Wechselkurzschlußstrom legt und die Differenz bildet. So entsteht der stark gezeichnete Anodenstrom i_{22}, an den sich die Anodenströme i_{23} und i_{21} anschließen [4, S. 24].

In Bild 23 ist der Strommaßstab so gewählt, daß der effektive Anodenstrom im Verhältnis zum Kurzschlußstrom $i_{2e\,A}$ erscheint, dessen Höhe in diesem Falle durch die Kathodendrossel und die Phasenspannung bestimmt ist. Es läßt sich daher auch der mittlere Anodenstrom i_{2m} im Verhältnis zu i_{2eA} bestimmen. Diesen zeigt in Abhängigkeit von der Zündverfrühung γ bzw. von cos γ Bild 24 für den dreiphasigen und sechsphasigen Gleichrichter. Danach läßt sich der mittlere Anodenstrom bei gegebener Drossel oder umgekehrt die notwendige Größe der Drossel bei vorgeschriebenem Strom bestimmen. Dieser über das Wechselrichtergefäß fließende Strom bei Gleichrichterbetrieb des anderen Gefäßes be-

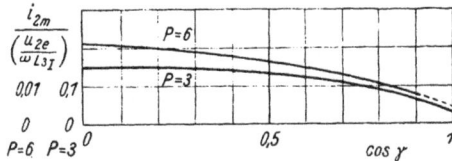

Bild 24. Mittelwert des Ausgleichsstromes über jede Anode des in Wechselrichterbereitschaft stehenden Stromrichters abhängig vom Cosinus der Zündverfrühung.

deutet zwar Rückarbeit, aber zugleich auch Erhöhung der Blind- und Verzerrungsleistung auf der Netzseite. Man ist daher bestrebt, diesen Strom möglichst klein zu halten.

Die Kurven in Bild 24 gelten auch für den Fall, daß die Anlage im Wechselrichterbetrieb fährt und das Gleichrichtergefäß in Bereitschaft gehalten wird. Sie geben dann den mittleren Anodenstrom des Gleichrichtergefäßes an.

c) Anwendungsbeispiele.

Abschließend wollen wir noch kurz für einige Anwendungsgebiete die Betriebsweise der Gleichrichter-Wechselrichterschaltungen beschreiben [9, 12].

Zur Speisung von Gleichstrombahnen werden Gleichrichter in großem Umfang benutzt. Zur Rückarbeit im Wechselrichterbetrieb kommt von vornherein die Eingefäßschaltung für Anlagen in Frage, die nicht sehr häufige Umschaltung erfordern, z. B. zur Energiegewinnung bei Talfahrt. Der Umschaltbefehl kann z. B. von einem Differentialrelais gegeben werden, das die Fahrdraht-Gleichspannung mit der Spannung eines Hilfsgleichrichters vergleicht, der genau wie der Hauptgleichrichter ausgesteuert wird. Liegt die Fahrdrahtspannung tiefer als die Spannung des Hilfsgleichrichters, so schaltet das Relais die Steuerung des Hauptgleichrichters auf Gleichrichterbetrieb. Dabei ist die Aussteuerung entsprechend der gewünschten Fahrdrahtspannung vorher eingestellt. Der danach eingestellten Spannung des Hilfsgleichrichters entspricht die innere Spannung des Hauptgleichrichters. Die Fahrdrahtspannung, die damit in Gegenschaltung verglichen wird, liegt um den inneren Spannungsabfall des Hauptgleichrichters tiefer, so daß das Differentialrelais in seiner Stellung auf Gleichrichterbetrieb festgehalten wird.

Soll nun auf Nutzbremsung übergegangen werden, so werden die Lokomotivmotoren, die im allgemeinen Reihenschlußmotoren sind, auf Fremderregung durch einen kleinen Umformer umgeschaltet. Die Fahrdrahtspannung steigt über die innere Spannung des Stromrichters und die des Hilfsgleichrichters. Das Differentialrelais spricht an, schaltet den Stromrichter auf Sperrung und bewirkt ein Umlegen des Hauptschalters, der seinerseits die Wechselrichtersteuerung einschaltet sowie die Sperrung des Stromrichters aufhebt. Nunmehr kann bei weiterem Steigen der Fahrdrahtspannung Stromrücklieferung einsetzen; die Fahrdrahtspannung liegt dabei entsprechend den inneren Spannungsabfällen über der inneren Spannung des Stromrichters und der des Hilfsgleichrichters. Die Wechselrichter- und Gleichrichtersteuerungen sind miteinander verbunden, wie an Hand von Bild 20 geschildert.

Einen Übergang zur Zweigefäßschaltung bildet eine Schaltung mit mehreren parallel arbeitenden Gefäßen für Gleichrichterbetrieb, von denen eines bereits bei abnehmender Last selbsttätig auf Wechselrichterbetrieb umgeschaltet wird und dann zur Rückarbeit wie in der Zweigefäßschaltung bereitsteht.

Bei dauerndem Wechsel der Betriebsweise, wie es z. B. beim Rangierbetrieb der Fall ist, hat sich die Zweigefäßschaltung bewährt. Dabei kann die Transformatorspannung des Wechselrichtergefäßes erhöht werden, so daß das Gleichrichtergefäß mit voller Aussteuerung betrieben werden kann. Die Verbindung der Steuerungen erfolgt nach Bild 20 unten. Der Übergang von Gleichrichter- auf Wechselrichterbetrieb und umgekehrt erfolgt beim Steigen und Fallen der Fahrdrahtspannung unmittelbar. Dabei kann jede Häufigkeit des Wechsels der Betriebsart bewältigt werden. Doch kann man auch bei häufigem Wechsel mit Erfolg die Eingefäßschaltung verwenden, da der Umschalter infolge Sperrung des Stromrichters elektrisch nicht beansprucht wird und kurze Schaltzeiten durch besonders durchgebildete Druckkontaktumschalter erreicht werden. Solche Schalter sind der praktisch vorkommenden Schalthäufigkeit gewachsen.

Erfolgreiche Anwendung haben die Gleichrichter-Wechselrichterschaltungen zur Speisung der Antriebsmotoren in Walzwerken und zur Speisung von Fördermaschinen gefunden. Hier wird abgesehen von der Umschaltung von Gleichrichter- auf Wechselrichterbetrieb auch eine weitgehende Regelung der Stromrichterspannung und damit Drehzahl der Antriebsmotoren gefordert. Für durchlaufende Walzenstraßen, wo nur Spannungsregelung und gelegentliche Umschaltung auf Wechselrichterbetrieb zum raschen Stillsetzen in Frage kommt, ist von vornherein die Eingefäßschaltung vorzusehen. Dabei kann die Umschaltung wieder von einem Spannungsvergleichsrelais bestimmt werden, das anspricht, wenn die Gleichrichteraussteuerung verringert wird und so die Gleichrichterspannung kleiner als die Motorspannung wird. Die Änderung der Aussteuerung kann von Hand oder selbsttätig erfolgen, und es kann eine zusätzliche Regelung vorgenommen werden, die den Strom beim Betrieb und beim Abbremsen begrenzt, indem von einer bestimmten Stromhöhe ab selbsttätig die Zündverzögerung erhöht wird. Die Abhängigkeit der beiden Steuerungen erfolgt nach Bild 20, da für beide Betriebsarten die Transformatorspannung die gleiche ist.

Bei Umkehrwalzenstraßen, deren Antriebsmotoren dauernd die Drehrichtung ändern, entspricht an und für sich die Zweigefäßschaltung genau den Forderungen eines Leonard-Umformers, doch wird man auch hier häufig aus wirtschaftlichen Gründen die Eingefäßschaltung mit leistungsfähigem mechanischem Umschalter vorziehen. Dem Betrieb der Umkehrwalzenstraßen ähnlich ist der von Fördermaschinen. Auch hier ist die Eingefäßschaltung und die Zweigefäßschaltung verwendet worden. Die Steuerung geschieht in diesem Falle von Hand und halbselbsttätig insofern, als die Änderung der Aussteuerung des Stromrichters beim Anfahren und Bremsen am Anfang und Ende des Förderganges erzwungen wird. Die Umschaltung von der einen auf die andere Betriebsart wird wieder von einem Spannungsvergleichsrelais eingeleitet. Dabei wird die Erregung der Gleichstromfördermotoren von einem gesonderten kleinen Hilfsgleichrichter geliefert.

Solche Schaltungen für Regelung der Drehzahl, Nutzbremsung und Umkehr der Drehrichtung stellen sozusagen einen ruhenden Leonard-Umformer dar. Gegenüber diesem hat der Stromrichter den Vorzug höheren Wirkungsgrades, insbesondere bei Teillast, und den Nachteil, daß nach Gl. (32) und (33) die Regelung mit Blindleistung verbunden ist.

3. Der netzerregte Umrichter mit Gleichstrom-Zwischenkreis.

a) Ströme und Spannungen.

In der Wechselrichterschaltung wird einem Wechselstromnetz aus einer Gleichstromquelle bzw. einem Gleichstromnetz Energie zugeführt. Die Reihenschaltung einer Wechselrichterschaltung mit einer Gleichrichterschaltung ermöglicht einem Wechselstromnetz II aus einem Wechselstromnetz I oder umgekehrt Energie zuzuführen, wobei die beiden Netze sich beliebig in Phasenzahl und Frequenz voneinander unterscheiden können. Eine solche Reihenschaltung zeigt Bild 25 oben, wobei beide Schaltungen aus Übersichtsgründen wieder sekundär dreiphasig angenommen sind. Man bezeichnet sie als Umrichterschaltung mit Gleichstromzwischenkreis, weil der gemeinsame Kathodenstrom beider Schaltungen i_3 ein Gleichstrom ist, und beispielsweise der Strom des Wechselstromnetzes I erst im Gleichrichtergefäß I in Gleichstrom umgeformt wird und dann im Wechselrichtergefäß II in Wechselstrom der Frequenz des Netzes II. Die beiden in Bild 25 getrennt gezeichneten Drosselspulen L_{I3} und L_{II3} können auch in einer gemeinsamen Drossel zusammengefaßt werden. Wenn diese Drossel sehr groß gewählt wird, so daß der Strom im Zwischenkreis ein reiner Gleichstrom wird, so unterscheiden sich die Stromverhältnisse in der als Gleichrichter oder Wechselrichter arbeitenden Seite der Umrichterschaltung nicht von denen eines gesonderten Gleichrichters oder Wechselrichters. Nur die gemeinsame Kathodendrossel wird anders beansprucht, indem sie in der Umrichterschaltung die Summe der beiden überlagerten Wechselspannungen $u_{I33} - u_{I33m}$ und $u_{II33} - u_{II33m}$ aufzunehmen hat. Ist die Kathodendrossel nicht so groß, daß der überlagerte Wechselstrom im Kathodenzweig unterdrückt wird, so ist der Strom in der Umrichterschaltung verschieden von den Strömen der gesonderten Wechselrichter- und Gleichrichterschaltungen. Da die einzelnen Anodenströme durch Ausschnitte aus dem Gleichstrom gebildet werden, so wirkt sich das auch als Veränderung der Anodenströme aus. Praktisch wird man immer anstreben, den überlagerten Wechselstrom klein gegenüber dem Kathodenstrom bei Vollast zu halten.

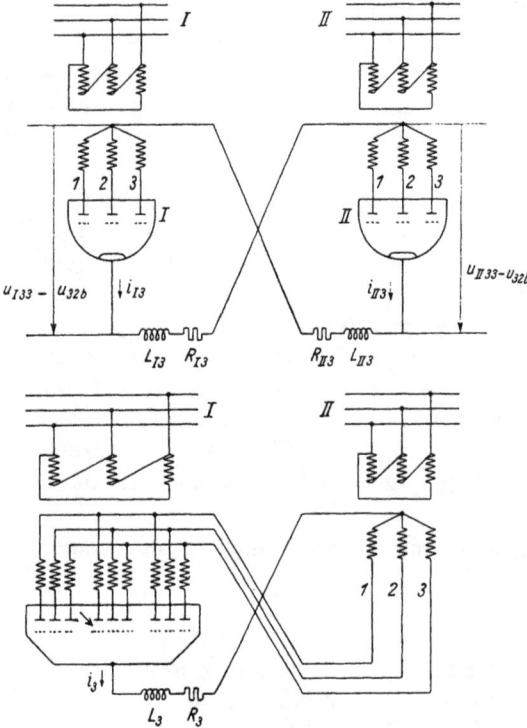

Bild 25. Umrichterschaltung mit ausgeprägtem (oben) und verstecktem (unten) Gleichstromzwischenkreis.

Für die Größe des mittleren Gleichstromes im Zwischenkreis sind die Summe der mittleren Gleich- und Wechselrichterspannung, die Brennspannungen und der ohmsche Widerstand maßgebend:

$$i_{3m} = \frac{(u_{I33m} - u_{32b}) + (u_{II33m} - u_{32b})}{R_3} \qquad . \text{ (36)}$$

Wenn das Gefäß I als Gleichrichter ausgesteuert wird, ist u_{I33m} positiv und u_{II33m} negativ einzusetzen und u_{I33m} muß mindestens größer als u_{II33m} zuzüglich der beiden Brennspannungen sein. Wenn umgekehrt das Gefäß II als Gleichrichter ausgesteuert wird, ist u_{II33m} positiv einzusetzen und muß mindestens größer als u_{I33m} zuzüglich $2\,u_{32b}$ sein. Der Spannungsabfall im Kathodenzweig $i_{3m}R_3$ und die beiden in Reihe liegenden Brennspannungsabfälle werden jeweilig von der als Gleichrichter gesteuerten Seite aufgebracht.

Um den doppelten Spannungsverlust und damit Leistungsverlust zu vermeiden und zugleich statt zwei Gefäßen nur eines zu verwenden, kann man die Schaltung des Bildes 25 oben in die nach Bild 25 unten überführen, sofern eine Kupplung der Netze ohne Übertragungsleitung gefordert ist. Hier ist das rechte Gefäß ersetzt durch Aufteilung der Transformatorwicklungen und Anodenzweige des Gefäßes I in je 3 Teile. Die so entstehenden 9 Anoden können in zweifacher Weise zu Gruppen mit je 3 Anoden zusammengefaßt werden. Die zu den Wicklungen eines Schenkels gehörenden Anoden bilden eine Gruppe, die einer Anode des ursprünglichen Gefäßes I entspricht. Der Übergang von einer Gruppe auf die folgende entspricht daher dem Anodenwechsel in der Schaltung I. Andererseits bilden die miteinander verbundenen Anodenzweige, die zu einer Transformatorwicklung des rechten Transformators führen, je eine Gruppe, die einer Anode des ursprünglichen Gefäßes II entspricht. Sinngemäß bezeichnen wir die erste Gruppenart mit I_1, I_2 und I_3 und die zweite Gruppenart mit II_1, II_2 und II_3. Jede Anode gehört gleichzeitig einer Gruppe der einen und einer Gruppe der anderen Art an und sei entsprechend bezeichnet. In welcher Weise, ist leicht nach Bild 25 zu entscheiden. So gehört beispielsweise die in Bild 25 mit einem Pfeil gekennzeichnete Anode den Gruppen I_2 und II_1 an und wird mit $I_2 II_1$ bezeichnet.

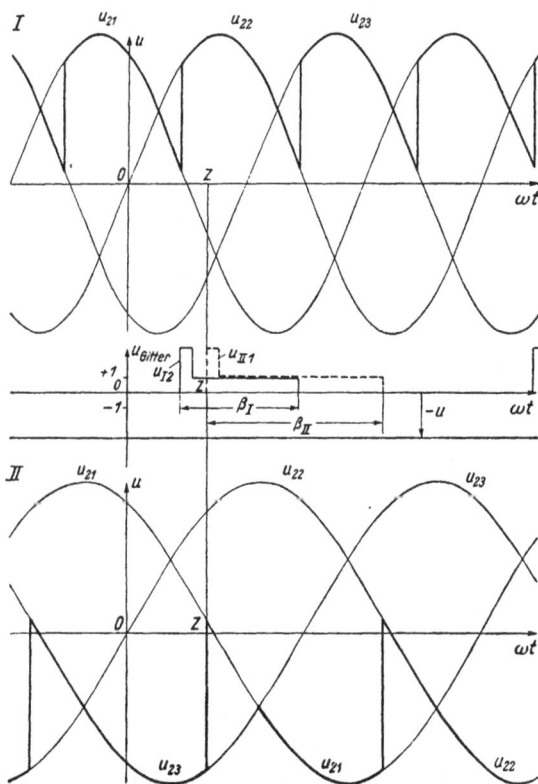

Bild 26. Spannungsverhältnisse und Schema der Gittersteuerung des Umrichters mit verstecktem Gleichstromzwischenkreis nach Bild 25 unten. Frequenzverhältnis 3 : 1 der gekuppelten Netze.

Die für jede Anode maßgebende Gitterspannung setzt sich aus zwei Anteilen zusammen, entsprechend der Zugehörigkeit zu den beiden Grup-

4*

pen. So zeigt Bild 26 in der Mitte die Gitterspannungsanteile der in Bild 25 bezeichneten Anode. Es ist angenommen, daß vom Netz I Energie in das Netz II geschickt werden soll. Dementsprechend ist in Bild 26 oben die Gleichrichterspannung des linken Schaltungsteiles und unten die Wechselrichterspannung des rechten Teiles stark hervorgehoben. Es ist dabei für das Netz II willkürlich eine niedrigere Frequenz angenommen. Die einzelnen Anoden führen nur solange Strom, als beide Gruppen, denen sie angehören, stromführend sind. Da die Gruppen I_1, I_2 und I_3 sich zu Zeiten in der Stromführung ablösen, die unabhängig von den Ablösungszeiten der Gruppen II_1, II_2 und II_3 sind, so geschieht der Übergang von einer auf die folgende Anode durch Wechsel der II er-Gruppe, ohne daß ein Wechsel der I er-Gruppe stattfindet oder umgekehrt. So kann beispielsweise die in Bild 25 bezeichnete Anode $I_2 II_1$ die Anode $I_2 II_3$ ablösen. Dies geschieht nach Bild 26 im Zeitpunkt Z. Die Gitterspannung der Anode $I_2 II_1$ setzt sich aus den in der Mitte schematisch gezeichneten Anteilen zusammen: 1. der allen Gittern gemeinsamen negativen Sperrspannung und 2. der die Zugehörigkeit zur Gruppe I_2 bestimmenden Spannung u_{I2}, die vom Netz I geliefert wird, sowie 3. der die Zugehörigkeit zur Gruppe II_1 bestimmenden Spannung u_{II1}, die vom Netz II geliefert wird. Jede der beiden letzteren Spannungen besteht aus einem höheren kurzzeitigen positiven Impuls und einem niedrigen positiven Impuls, der eine zeitliche Ausdehnung entsprechend der Stromführungsdauer der Gruppe I bzw. II hat. Dabei ist zu beachten, daß die Gitterspannung u_{II1} sich gegen u_{I2} dauernd verschiebt, weil die Lage der Spannungen u_{II21}, u_{II22} und u_{II23} sich dauernd gegen die Spannungen u_{I21}, u_{I22} und u_{I23} verschiebt. Wenn wir annehmen, daß eine Zündung der Anoden nur möglich ist, wenn die Gitterspannung positiv ist, so kann die Zündung nur eintreten, wenn sich beide Gitterspannungen überdecken. Das beginnt bei $\omega t = Z$ für den in Bild 26 gewählten Zustand. Hier tritt der Wechsel der Phasenspannungen bei der in Bild 26 unten gezeichneten Wechselrichterspannung ein. Wir sehen aus Bild 26 Mitte, daß die Gitterspannung in diesem Zeitpunkt den Wert $+ 1$ annimmt, wenn man alle drei Gitterspannungsanteile summiert. Wenn wir uns vorstellen, daß die Gitterspannungen anderer Anoden durch phasenverschobene Anteile gebildet werden, die sich an die ausgezogen und gestrichelt gezeichneten Spannungen anschließen, so sehen wir, daß nur diese Anode zünden kann, weil nur die gezeichneten Spannungen die notwendige positive Spannung ergeben.

In dem nun folgenden Zeitpunkt des Phasenspannungswechsels in der oben gezeichneten Gleichrichterspannung wird die Anode $I_2 II_1$ abgelöst durch die Anode $I_3 II_1$, die der gleichen Gruppe des Schaltungsteiles II angehört und daher den gleichen Gitterspannungsanteil u_{II1} hat und außerdem einen Spannungsanteil u_{I3}, der sich an u_{I2} mit gleichem Verlauf anschließt.

Nach diesen Überlegungen kann man das Brenndauerschema aller Anoden finden. Es zeigt sich eine dauernde Veränderung der Brennzeiten, wenn die Frequenzen der beiden Wechselstromnetze verschieden sind. Insbesondere kann die betrachtete Anode auch über mehrere Perioden nicht zur Zündung kommen, wenn sich die Anteile u_{I2} und u_{III} der Gitterspannung in Bild 26 nicht decken. Das tritt vor allem dann ein, wenn die Frequenzen der beiden Netze wenig verschieden sind, z. B. bei der Verbindung zweier Drehstromnetze für nahezu 50 Hz. Der Kathodenstrom verteilt sich im Mittel gleichmäßig auf alle Anoden, wenn die Frequenzen der Netze verschieden sind, kann aber in der Schaltung nach Bild 25 vollständig von nur 3 Anoden übernommen werden, wenn die Frequenzen gleich sind und die Zündzeitpunkte für die Umschaltung der I er- und II er-Gruppen zusammenfallen. Das führt zur ausschließlichen Belastung nur je einer der drei sekundären Transformatorwicklungen eines Schenkels. Aus diesem Grunde ist die Schaltung nach Bild 25 unten für den Fall gleicher Frequenzen ungünstig.

Die Schaltung mit ausgeprägtem Gleichstromzwischenkreis, Bild 25 oben, kann zur Kupplung von Drehstromnetzen dienen über eine Gleichstrom-Hochspannungsübertragungsleitung. Dagegen ist die Eingefäßschaltung nach Bild 25 unten nur für die örtliche Kupplung von Netzen geeignet. Beide Schaltungen sind für beide Richtungen der Energieübertragung geeignet, da es nur eine Frage der Steuerung ist, ob Schaltung I als Gleichrichter und Schaltung II als Wechselrichter oder umgekehrt arbeitet. In Bild 25 sind beide Schaltungen dreiphasig gewählt, um übersichtliche Verhältnisse zu haben. Praktisch können für beide Teilschaltungen irgendwelche der gebräuchlichen Gleichrichter- bzw. Wechselrichterschaltungen gewählt werden. Ebenso können durch eine solche Schaltung verschiedenphasige Netze gekuppelt werden. So zeigt uns Bild 27 die Verbindung zwischen einem Drehstromnetz I und einem Einphasennetz II, wobei die an das Drehstromnetz angeschlossene linke Teilschaltung sekundär doppel-dreiphasig ausgeführt ist. Unten ist das Brenndauerschema der Anoden gezeichnet für den Fall, daß das Einphasennetz ein Bahnnetz ist, dessen Frequenz $\frac{1}{3}$ der des Drehstromnetzes ist.

Dabei kann sich die Stromführungsdauer der Anoden II_1 und II_2 des Systems II gegenüber denen des Systems I verschieben, wenn das Frequenzverhältnis nicht exakt $\frac{1}{3}$ beträgt.

Man bezeichnet Schaltungen nach Art der Bilder 25 und 27 als elastische Kupplung von Drehstromnetzen, weil Phasenlage und Frequenz der gekuppelten Netze verschieden sein können.

b) Leistungsbeziehungen.

Abschließend sollen die Leistungsverhältnisse solcher Schaltungen noch näher überlegt werden. Die Ströme, die ein Gleichrichter dem

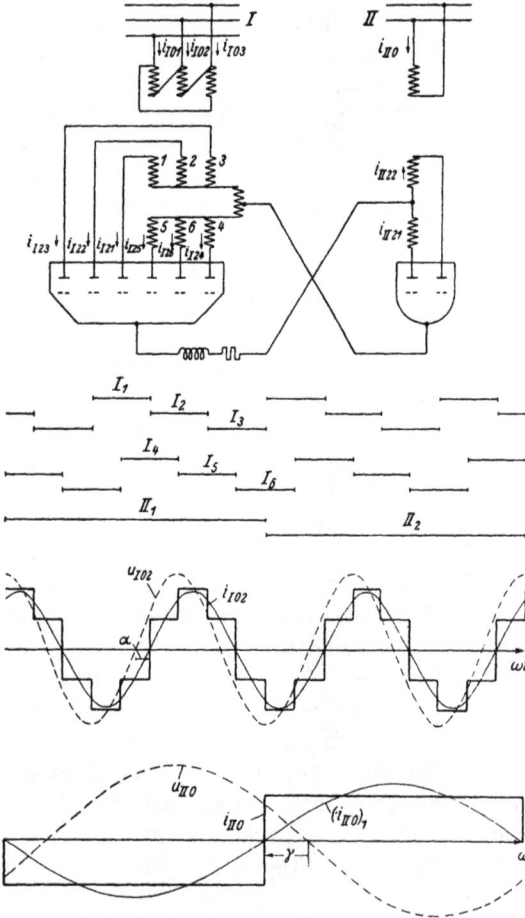

Wechselstromnetz entnimmt oder ein Wechselrichter diesem zuführt, haben treppenförmigen Verlauf und bestehen aus einer Grundschwingung der Netzfrequenz und Oberschwingungen. Die Phasenverschiebung dieses Stromes stimmt annähernd mit der Zündverzögerung oder der Zündverfrühung überein. In Bild 27 unten sind die Netzströme in je einer Phase der Schaltung in Bild 27 oben dargestellt. Es ist die Grundschwingung der Ströme eingezeichnet und gestrichelt die zugehörige Phasenspannung des Netzes. Dabei sind die Umschaltvorgänge vernachlässigt, so daß die Treppenstufen eine senkrechte Flanke haben und die Phasenverschiebung des Gleichrichterstromes gleich der Phasenvoreilung des Wechselrichterstromes wird.

Wir haben bei Behandlung des Wechselrichters gesehen, daß der Blindstromanteil der Grundschwingung als induktiver Strom dem Wechselstromnetz entnommen wird, genau so wie der Blindstromanteil des Gleichrichters aus dem zugehörigen Netz geliefert wird. Für die Umrichterschaltung ergibt sich daher, wenn beispielsweise aus einem Netz I Energie auf ein Netz II übertragen werden soll: Aus den einzelnen Phasen des Netzes I wird ein Strom entnommen, der einen Wirk-, Blind- und Verzerrungsstromanteil hat. Der Summe der mittleren Leistungen, die die Wirkströme mit den Phasenspannungen bilden, entspricht die im Gleichstromzweig auftretende mittlere Leistung. Diese wird an das Drehstromnetz II als mittlere Wirkleistung abgegeben

Bild 27. Umrichter mit Gleichstromzwischenkreis zur Speisung eines Einphasennetzes (16²/₃ Hz) aus einem Drehstromnetz (50 Hz) (vgl. Bild 39). Schaltung, Stromführungsschema der Anoden und Ströme auf der Netzseite.

und teilt sich auf die einzelnen Phasen auf und entspricht den Wirkstromanteilen der Phasenströme. Die Blind- und Verzerrungsströme im Netz II müssen von dem Netz II selbst geliefert werden. Der übertragene Wirkstromanteil kann zur Deckung des Wirkstromes eines Verbrauchers, der an das Netz II angeschlossen ist, dienen. Wenn nun der Verbraucher auch seinerseits Blindstrombedarf hat, so muß dieser auch vom Netz II geliefert werden. Eine Speisung des Netzes II ausschließlich durch den Wechselrichter ist daher nicht möglich. Die Generatoren des Netzes II werden also auch im günstigsten Fall den gesamten Blind- und Verzerrungsstrom des Wechselrichters und den Blindstrom des Verbrauchers liefern müssen, wenn dessen Wirkstrom voll vom Wechselrichter gedeckt wird. Man spricht in diesem Fall von einer Blindleistungsmaschine des Netzes II, die nur einen Antrieb zum Anlassen benötigt. Unter der Voraussetzung, daß der Wirkstrom voll vom Wechselrichter geliefert wird, läßt sich die vom Netz II angeforderte Blindleistung bzw. die Grundschwingungs-Scheinleistung der Blindleistungsmaschine abschätzen. Diese wird auch als Feldblindleistung (im Gegensatz zur Verzerrungsblindleistung der Oberschwingungen) $(l_{II0})_{Feldblind}$ bezeichnet und ist in Bild 28 im Verhältnis zur Grundschwingungsscheinleistung des Verbrauchers $(l_{II0})_1$ in Abhängigkeit von dessen $\cos \varphi_{II0}$ aufgetragen entsprechend der Gleichung:

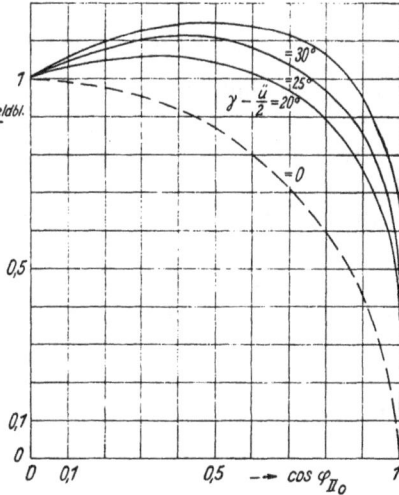

Bild 28. Scheinleistung der Blindleistungsmaschine, abhängig vom Verschiebungsfaktor des Einphasennetzes für verschiedene Verschiebungswinkel des Wechselrichterstromes.

$$\text{II,} \quad \frac{l_{0e\,Feldblind}}{(l_{0e})_1} = \frac{u_{0e}\,(i_{0e})_1 \cdot \sin \varphi_0 + u_{0e}\,(i_{0e})_1 \cdot \cos \varphi_0 \cdot \operatorname{tg} \left(\gamma - \frac{\ddot{u}}{2}\right)}{u_{0e} \cdot (i_{0e})_1}$$

$$= \sin \varphi_0 + \cos \varphi_0 \cdot \operatorname{tg} \left(\gamma - \frac{\ddot{u}}{2}\right) \quad \ldots \ldots \ldots (37)$$

Das erste Glied im Zähler rechts gibt die Blindleistung des Verbrauchers wieder, zu der mit dem zweiten Glied die Blindleistung des Wechselrichters hinzukommt. Im zweiten Glied ist $(i_{0e})_1 \cos \varphi_0$ der Wirkstrom des Verbrauchers, der vom Wechselrichter geliefert wird. Nun ist der

Verschiebungswinkel des Wechselrichterstromes $\gamma - \dfrac{\ddot{u}}{2}$ und $(i_{0\,e})_1 \cdot$ $\cos \varphi_0 \cdot \mathrm{tg}\left(\gamma - \dfrac{\ddot{u}}{2}\right)$ ist dann der Blindstrom, der zu diesem Wirkstrom gehört.

$\left(\gamma - \dfrac{\ddot{u}}{2}\right)$ liegt mit der Entionisierungszeit $(\gamma - \ddot{u})_{\min}$ und der daraus nach Bild 14 folgenden Zündverfrühung γ und Umschaltzeit $\ddot{u}$ fest. In Bild 28 ist für $\gamma - \dfrac{\ddot{u}}{2} = 20$, 25 und 30⁰ die Gl. (37) ausgewertet. Wir sehen, daß für $\cos \varphi_{\mathrm{II}0} = 0,8$ bereits die Scheinleistung der Blindleistungsmaschine etwa gleich der des Verbrauchers wird. Die gestrichelte Grenzkurve unten gilt bei Berücksichtigung der Blindleistung des Verbrauchers allein. Der Unterschied zu den ausgezogenen Kurven zeigt den Einfluß der zusätzlichen Blindleistung des Wechselrichters.

Die Blindleistungsmaschine hat außerdem die Verzerrungsscheinleistung zu liefern, die von der Wahl der Schaltung und der zugehörigen Form des Netzstromes abhängt. Der Verzerrungsstrom, der beispielsweise dem Einphasennetz zugeführt wird, ist die Differenz des Rechteckstromes mit dem sinusförmigen Grundschwingungsstrom nach Bild 27 unten und ist wesentlich größer als der Verzerrungsstrom im Drehstromnetz, wie der Vergleich mit den Stromkurven darüber zeigt.

Neben der Lieferung der Blindleistung haben die Generatoren der Netze bzw. die Blindleistungsmaschine noch die Aufgabe, die Umschaltströme für den Gleichrichter bzw. den Wechselrichter abzugeben. Der Umschaltstrom $i_{2e\,V}$ bestimmt im Verhältnis zum Belastungsstrom i_{3m} die Umschaltzeit $\ddot{u}$, die bei Einhaltung der Entionisierungszeit auch die minimale Zündverfrühung $\gamma_{\min}$ festlegt. Nun läßt sich für die einzelnen Schaltungen $i_{2e\,V}$ auf die Kurzschlußspannung bei anodenseitigem Kurzschluß zurückführen; somit besteht auch die Bedingung, daß diese Spannung nicht zu hoch sein darf (zu kleiner Kurzschlußstrom!). Das ist meist durch die hohe Leistung der Generatoren bzw. der Blindleistungsmaschinen gewährleistet. Dadurch, daß nach erfolgter Umschaltung die dabei kurzgeschlossene Spannung des Transformators wiederkehrt, die in ihren Verlauf von dem Netz bzw. von der Blindleistungsmaschine bestimmt ist, wird die für die Entionisierung notwendige, zunächst negative Anodenspannung gewährleistet, wie es der Verlauf der Anodenspannung in Bild 10 zeigt.

Um eine Blindleistungsmaschine entbehren zu können bzw. das Netz von den Blindströmen zu entlasten, kann man auch Kondensatoren an das gespeiste Netz II anschließen, deren Grundschwingungsscheinleistungen gleich der der Maschine sein müssen, die Bild 28 angibt. Diese Kondensatoren müssen aber je nach dem Belastungszustand bzw. dem an das Netz II gelieferten Strom verschieden groß sein.

Andernfalls tritt eine zusätzliche kapazitative Belastung des Netzes ein, oder es bleibt eine induktive Teilbelastung für das Netz bestehen. Der Kondensator nimmt auch die Verzerrungsströme auf. (Wenn die Blindleistungsmaschine bzw. der Netzgenerator zur Bestimmung der sinusförmigen Spannung und zur Aufnahme der Blindströme bei ungenauer Einstellung der Kapazitäten überhaupt fortgelassen wird, kommt man zum selbsterregten Wechselrichter, den das folgende Kapitel näher behandelt.) Aus diesem Grunde wird man den Wechselrichter möglichst hoch aussteuern, d. h. mit der kleinsten zulässigen Zündverfrühung betreiben, um einen möglichst geringen Blindstrom zu erhalten und die Leistungsregelung durch Änderung der Gleichrichterspannung vornehmen.

Wir hatten für die höchste Wechselrichterspannung bei Betrieb früher unter der Voraussetzung vorwiegend induktiver innerer Widerstände der Schaltung gefunden:

$$(u_{33m})_{\max} = (u_{35mL})_{\gamma=0}\left[\cos\gamma_{\min} + \frac{i_{3m}}{i_{2eV}}\cdot\frac{1}{2\vert 2}\right] \quad \ldots \ldots (38)$$

Wenn nun für die Gleichrichterschaltung in einem Umrichter für beide Energierichtungen der gleiche Spannungsabfall $\dfrac{1}{2\vert 2}\cdot\dfrac{i_{3m}}{i_{2eV}}$ gilt, so ergibt sich für die notwendige Gleichrichterspannung im Leerlauf:

$$(u_{33mL})_{a=0}\cdot\cos\alpha = (u_{33mL})_{\gamma=0}\left[\cos\gamma_{\min} + \frac{i_{3m}}{i_{2eV}}\cdot\frac{1}{2\vert 2}\right]$$

$$+ (u_{33mL})_{a=0}\cdot\frac{i_{3m}}{i_{2eV}}\cdot\frac{1}{2\sqrt 2} \quad \ldots \ldots (39)$$

und somit für die höchste Aussteuerung, wenn $(u_{33mL})_{a=0} = (u_{33mL})_{\gamma=0}$

$$\cos\alpha = \cos\gamma_{\min} + 2\cdot\frac{i_{3m}}{i_{2eV}}\cdot\frac{1}{2\vert 2} \quad \ldots \ldots (40)$$

Hiernach würde beispielsweise mit $\gamma_{\min} = 30^0$ und $\dfrac{i_{3m}}{i_{2eV}} = 0{,}1$ die höchste Aussteuerung bei Gleichrichterbetrieb $\cos\alpha = 0{,}937$ werden. Nun hat aber die Gleichrichterspannung noch die doppelte Brennspannung und den ohmschen Spannungsabfall zu überwinden, so daß die Gleichrichteraussteuerung noch höher liegen muß. Da die Spannung im Gleichstromzwischenkreis meist möglichst hoch gewählt wird, ist die Brennspannung vernachlässigbar, und der Spielraum bis zu voller Aussteuerung im gewählten Beispiel von $\cos\alpha = 0{,}937$ auf $\cos\alpha = 1$ ist für den ohmschen Spannungsabfall verfügbar. Aus den Zahlen des Beispieles, das etwa den Verhältnissen bei großen Leistungen entspricht, ersehen wir, daß die Einhaltung der notwendigen Entionisierungszeit bei einer Umrichterschaltung für Umkehr der Energierichtung und daher gleichem Aufbau beider Schaltungsseiten keinen Zwang bedeutet.

Schließlich sei noch der zeitliche Verlauf der Leistung in den Netzen und im Gleichstromzwischenkreis betrachtet. Abgesehen von der Verzerrungsleistung besteht der Leistungsverlauf in jeder Netzphase aus einem konstanten Anteil, der mittleren Wirkleistung, und einem sinusförmigen Anteil, der doppelte Frequenz wie das Netz hat und dessen Amplitude gleich der Scheinleistung der Grundschwingung ist. Beim Einphasennetz wird diese Leistung an den Kathodenzweig in gleicher Form abgegeben, wenngleich sie im Transformator sekundärseitig aufgeteilt und im Kathodenzweig wieder zusammengefaßt wird. Beim Dreiphasennetz wird diese Leistung zwar über die primären Wicklungen des Transformators übertragen und sekundär noch weiter aufgeteilt. Da aber die drei Teilleistungen der drei Netzphasen phasenverschobene Wechselleistungen aufweisen, deren Summe Null ist, so erscheint in der an den Kathodenzweig abgegebenen Leistung die überlagerte Wechselleistung der einzelnen Netzphase nicht mehr, sondern nur die Summe der mittleren Leistungen. Der Kathodenzweig nimmt außerdem von beiden Seiten die Verzerrungsleistung auf. Die mittlere, in den Kathodenzweig von der Gleichrichterseite hineingeschickte Leistung wird auf der Wechselrichterseite abzüglich der Verluste wieder abgeführt. Dagegen können die überlagerten Wechselleistungen und die Verzerrungsleistungen auf beiden Seiten sehr verschieden sein. Hier bringt die magnetische Energie der Kathodendrossel den Ausgleich, die immer den Überschuß an Leistung der einen oder anderen Seite aufnimmt bzw. abgibt.

Der netzerregte Umrichter mit ausgeprägtem Gleichstromzwischenkreis kann für Gleichspannungs-Hochspannungsübertragungen Bedeutung gewinnen, ebenso zum Wirkleistungsaustausch zwischen Drehstromnetzen nahezu gleicher Frequenz. Zur Speisung von Bahnnetzen hat die Schaltung mit verstecktem Gleichstromzwischenkreis Verwendung gefunden. Dabei werden zur Entlastung des Einphasennetzes von Blind- und Verzerrungsströmen Kondensatoren und Schwingkreise benutzt, und man nähert sich damit der Betriebsweise des selbsterregten Umrichters, den der folgende Abschnitt behandelt. Gegenüber den später behandelten unmittelbaren Umrichtern zur Bahnspeisung hat der Umrichter mit Gleichstromzwischenkreis den Vorzug, daß das Drehstromnetz nicht anders als durch einen Gleichrichter belastet wird, d. h. auf allen Phasen gleichmäßig mit geringem Verzerrungsanteil. Demgegenüber steht der Nachteil, daß auf der Einphasenseite je nach der Belastung mehr oder weniger Kondensatoren eingeschaltet werden müssen (vgl. S. 88, Bild 43).

B. Der selbsterregte Wechselrichter.

1. Der Parallelwechselrichter.

a) Wirkungsweise.

Für den netzerregten Wechselrichter hat das Netz oder die Blindleistungsmaschine drei Aufgaben: 1. den Blindstromanteil der Grundschwingung zu liefern, 2. die Oberschwingungen im Strom aufzunehmen, den der Wechselrichter dem Netz aufzwingt und damit die sinusförmige Netzspannung möglichst zu erhalten, 3. die Umschaltstromstöße zu liefern und die Entionisierung zu ermöglichen. Diese Maschine, deren Scheinleistung, wie wir sahen, meist über der Verbraucherleistung liegt, kann durch andere, ruhende Schaltelemente ersetzt werden, die mehr oder weniger unvollkommen die Aufgabe der Blindleistungsmaschine übernehmen. Die wichtigste Aufgabe, nämlich die Umschaltung und Entionisierung zu ermöglichen, kann durch einen Kondensator erreicht werden, der die beiden ersten Aufgaben nur unvollkommen erfüllt. Wir erhalten dann für den Wechselrichter, der eine Einphasenspannung liefert, das Schaltbild Bild 29.

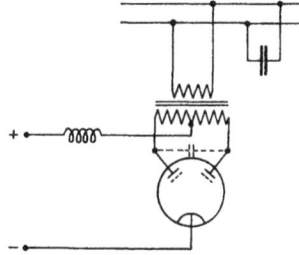

Bild 29. Selbsterregter Einphasenwechselrichter.

Diese Schaltung, die als Parallelwechselrichter bezeichnet wird, ist ursprünglich ganz unabhängig vom netzgeführten Wechselrichter mit Blindleistungsmaschine entstanden. Erst die spätere Entwicklung, als man parallel zum Kondensator noch Schwingkreise legte, um die Wirkung der Blindleistungsmaschine zu erreichen, hat zu dem Zusammenhang, von dem wir hier ausgehen, geführt.

Zum Verständnis des Parallelwechselrichters kann man auch von dem Grundprinzip der Wechselrichtung überhaupt ausgehen: Einem Verbraucher wird ein Wechselstrom aufgezwungen, der aus einem Gleichstrom durch periodische Stromumkehr entsteht. Ist der Verbraucher im einfachsten Fall ein ohmscher Widerstand, so entsteht die einfachste Wechselrichterschaltung nach Bild 30 rechts oben aus der Prinzipschaltung mit mechanischen Schaltern nach Bild 30 links oben. Wenn wir uns vorstellen, daß die Schalter periodisch gegenläufig umgelegt werden, so entsteht im Widerstand ein Wechselstrom mit rechteckiger Kurvenform und der Höhe $\frac{u_{3m}}{R_0}$. Für diesen Strom können wir die Gleichung der Rechteckwelle anschreiben:

$$i_0 = \frac{u_{3m}}{R_0} \cdot \frac{4}{\pi} \cdot \left[\cos \omega t + \frac{1}{3} \cos 3\,\omega t + \frac{1}{5} \cos 5\,\omega t + \ldots \right]$$

$$= i_{3m} \cdot f(\omega t) \ldots \ldots \ldots \ldots \ldots \ldots \ldots \ldots (41)$$

Dabei ist die Umlegezeit der Schalter als vernachlässigbar klein vorausgesetzt. In der abgekürzten Fassung entsteht die Wechselstromgleichung aus der Multiplikation des zufließenden Gleichstromes mit der Kommutierungsfunktion $f(\omega t)$, einer Rechteckwelle mit der Höhe 1.

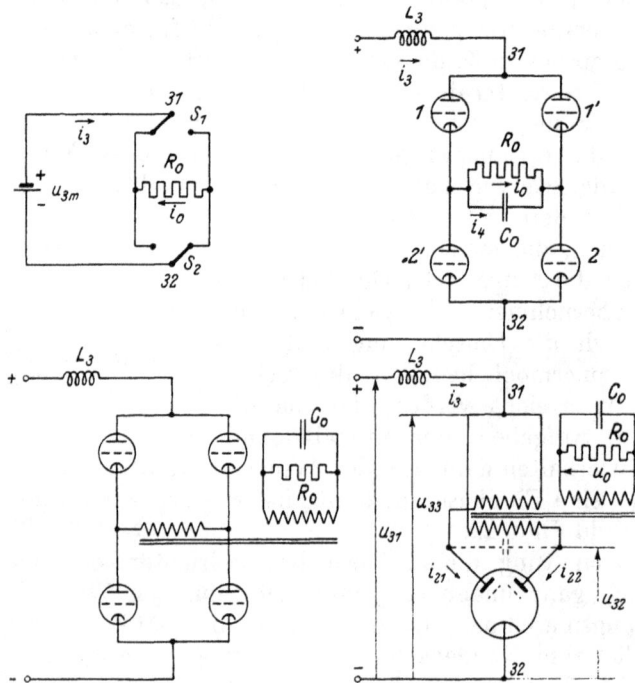

Bild 30. Entwicklung der Schaltung des Einphasen-Parallelwechselrichters aus der Wechselrichterschaltung mit mechanischen Kontakten.

Es ist nun nicht möglich, die Schalter einfach durch Stromrichtergefäße zu ersetzen. Denn am Schalter erscheint nach erfolgter Umlegung sofort wieder die volle positive Spannung, es wäre also keine Entionisierung möglich, ganz abgesehen davon, daß bei gleichzeitigem Schließen aller vier Schalterstrecken kein Umschaltkurzschlußstrom entsteht, der den Strom über die abzulösenden Strecken durch Null gehen läßt, wie es für die Löschung notwendig wäre.

So enthält die Wechselrichterschaltung, in der die Schalterstrecken durch Stromrichterstrecken ersetzt sind, den sog. Löschkondensator C_0 parallel zum Belastungswiderstand und die dann notwendige Drosselspule im Gleichstromkreis L_3. Dabei denken wir uns im einfachsten Falle die Rohre fremdgesteuert von einer Wechselspannungsquelle kleiner Leistung, z. B. einem Röhrensummer, dessen Spannung einer negativen Vorspannung überlagert wird. Eine Zündung der Gefäße

setzt ein, wenn die Wechselspannung die negative Vorspannung überwiegt.

In Bild 30 unten sehen wir die Weiterentwicklung der Schaltung:
Da am Widerstand R_0 und an der Kapazität C_0 Wechselspannung entstehen soll, können diese auch über einen Umspanner angeschlossen
werden. Dann besteht weiter die Möglichkeit durch Aufteilung der
Primärwicklung des Transformators die beiden oberen Rohre zu sparen,
und man kommt zur praktisch gebräuchlichen Schaltung Bild 30 rechts
unten, die mit der Schaltung nach Bild 29 übereinstimmt. Da die
Stromverhältnisse unverändert bleiben, soll die nähere Betrachtung sich
an das Grundschaltbild in Bild 30 rechts oben anschließen.

Die Wirkungsweise dieser Schaltung und damit die des Löschkonden-
sators und der Drossel verstehen wir am besten, wenn wir den Einschaltvorgang einer solchen Schaltung verfolgen. In dieser Schaltung werden
in gleichen Zeitabständen die Rohre *1* und *2* oder *1'* und *2'* gezündet.
Dabei soll bei Zündung des einen Paares das andere löschen und umgekehrt. Nehmen wir an, es werden erstmalig die Rohre *1* und *2* gezündet, indem die Gittersteuerung eingeschaltet wird. Das soll im einfachsten Falle das Einschalten einer Wechselspannung spitzer Wellenform bedeuten, die sich einer negativen Vorspannung überlagert und
von einer fremden Spannungsquelle geliefert wird. Die Drossel sei verhältnismäßig groß. Dann entsteht von Null beginnend ein ansteigender
Strom über die Drossel, der den anfangs ungeladenen Kondensator auf-
lädt. Mit steigender Ladung und damit Spannung am Kondensator
beginnt ein Strom über den Widerstand R_0 zu fließen, der den Kondensator wieder zu entladen sucht bzw. die Aufladung verzögert. Mit
steigender Ladung des Kondensators nimmt aber auch der Strom über
die Drossel ab, denn die Spannung, die im Anfang gleich der vollen
Gleichspannung war, nimmt ab. Wenn die Drossel sehr groß ist, so
würde die Aufladung des Kondensators schwingungsfrei erfolgen, d. h.
seine Spannung würde sich nach einer *e*-Funktion der Gleichspannungsquelle nähern, wenn keine Zündung der folgenden Rohre erfolgt. Der
Kondensator wird links positiv und rechts negativ geladen. Diesen
Schaltzustand veranschaulicht uns Bild 31 links oben, wo die stromführenden Rohre als Striche durchgezeichnet sind. Da nach Bild 30 die positive Seite des Kondensators über das Rohr *1* mit dem Punkt *31* und
damit mit der Anode von *1'* und die negative Seite über das Rohr *2*
mit *32* und damit mit der Kathode von *2'* verbunden sind, so erhalten
die Rohre *1'* und *2'* die volle positive Kondensatorspannung. Eine halbe
Periode später als *1* und *2* können daher die Rohre *1'* und *2'* durch
einen positiven Gitterspannungsstoß gezündet werden. Dabei setzt
kurzzeitig ein Kurzschluß des Kondensators über die Rohr *1* und *1'*
bzw. *2* und *2'* ein, dessen Weg in Bild 31 rechts oben durch gestrichelte
Pfeile angedeutet ist. Wir können uns unter dem Einfluß der Drossel-

induktivität den ursprünglichen Strom fortfließend denken, dem sich der Entladungsstrom überlagert. Da der Entladestrom in den zu löschenden Rohren entgegen dem ursprünglichen Strom fließt, kann er nur bis zur Höhe dieses Stromes ansteigen. Dann wird der Gesamtstrom über

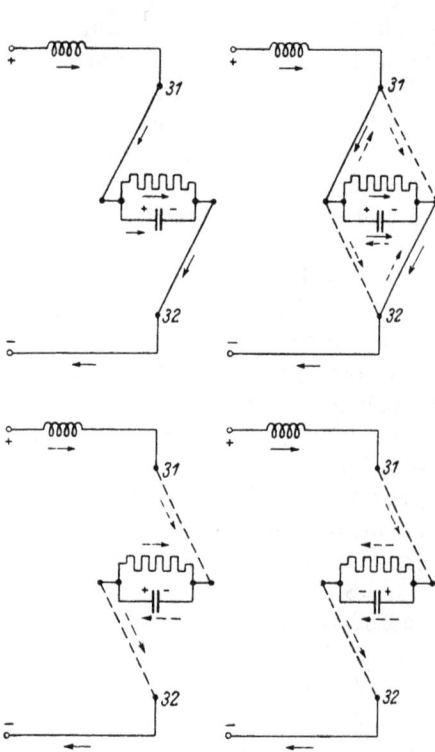

Bild 31. Schaltungsschema zur Veranschaulichung der Wirkungsweise des selbsterregten Wechselrichters.

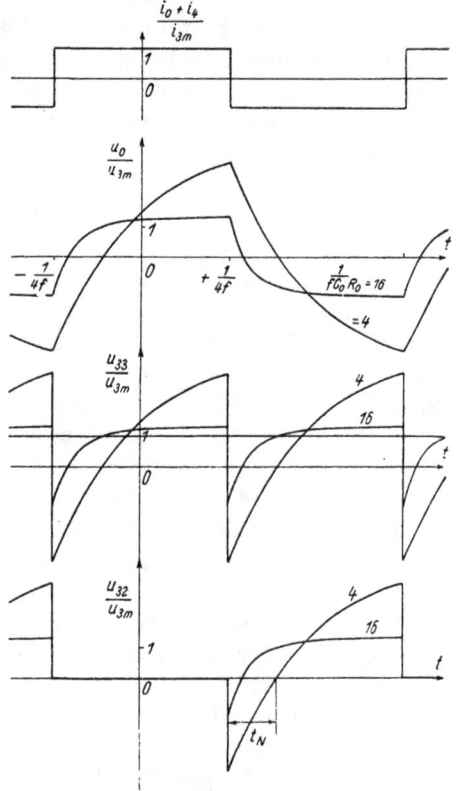

Bild 32. Strom- und Spannungsverhältnisse des Parallelwechselrichters bei ohmscher Belastung.

diese Rohre Null, sie löschen und unterbrechen damit den Kurzschluß. So wird dem Kondensator nur ein ganz kurzer Entladestromstoß entnommen, und wir können annehmen, daß sich der Ladungs- und Spannungszustand des Kondensators dadurch nicht geändert hat. Wohl aber hat sich die Stromrichtung im Kondensator umgekehrt. Der Kondensator hat ja die Kurzschlußströme für beide Kurzschlußwege abgegeben, so daß in ihm der Kurzschlußstrom auf den doppelten Wert des Stromes über die Rohre ansteigt und sich dem ursprünglichen Strom überlagert. Um diesen doppelten Wert springt also der Strom im Kondensator durch den Umschaltvorgang. Der Strom im Widerstand dagegen behält seinen Wert bei. Wir erhalten daher nach erfolgter Umschaltung den Stromlauf in Bild 31 links unten.

An der Drossel erscheint jetzt die Summe der Quellenspannung und der Kondensatorspannung, die jetzt gleiche Polarität haben. Daher erfolgt jetzt ein gesteigerter Anstieg des Stromes über die Drossel und eine entsprechend rasche Umladung des Kondensators. Diese Umladung wird von dem gleichzeitig fließenden Strom über den Widerstand zunächst unterstützt, bis die Kondensatorspannung Null geworden ist und dann verzögert. So nimmt der Kondensator die Polarität des Bildes 31 rechts unten an. Wenn der Kondensator diese Polarität angenommen hat, erscheint an der Drossel die Differenz von Quellenspannung und Kondensatorspannung, die Spannung an der Drossel sinkt unter die der Quelle und kann Null werden, wenn die Kondensatorspannung die Quellenspannung erreicht hat. Grundsätzlich kann jetzt die Kondensatorspannung weiter ansteigen, falls nicht bereits die Zündung des folgenden Rohrpaares einsetzt, sondern dieser Vorgang erst in einer der folgenden Perioden eintritt. Ja, die Spannung am Kondensator muß bei wiederholter Umschaltung über die Quellenspannung hinaus ansteigen, das ist grundlegend für die Wirkungsweise der Schaltung. Wenn wir nämlich den Strom über die Drossel betrachten, d. h. den Eingangsstrom der Schaltung, so wird dieser Strom dauernd ansteigen, solange die Spannung an der Drossel positiv ist, und das ist durch die dauernde Umschaltung so lange immer wieder der Fall, bis nicht innerhalb der Zeit zwischen zwei Umschaltungen, d. h. innerhalb einer Halbperiode die Kondensatorspannung soweit über die Quellenspannung ansteigt, daß das Integral der Drosselspannung über der Zeit Null wird. Dann ist nämlich erreicht, daß der Drosselstrom innerhalb einer Halbperiode genau so weit ansteigt, wie er wieder abfällt, d. h. daß der Strom im Mittel konstant bleibt und, wenn die Drossel sehr groß ist, sich innerhalb einer Halbperiode überhaupt kaum ändert. So entsteht am Ende des Einschaltvorganges ein Verlauf der Kondensatorspannung u_0, wie uns Bild 32 oben an zweiter Stelle zeigt. Die folgende Rechnung ergibt, daß bestimmend für den Verlauf das Produkt aus Frequenz, Widerstand und Kapazität ist und daher sind hier zwei Spannungen für zwei Werte dieses Produktes bzw. seines reziproken Wertes aufgezeichnet.

Die eben behandelten Bedingungen übersehen wir gut, wenn wir die Kurven an dritter Stelle betrachten. Diese zeigen die Spannung u_{33} zwischen den Punkten 31 und 32, die aus den oberen Spannungen entsteht, indem die zweite Halbwelle der Kondensatorspannung u_0 umgeklappt wird, entsprechend der periodischen Umschaltung. Die so entstehende Spannung abzüglich der Quellenspannung ergibt die Spannung an der Drossel. Da die Spannungen auf die Quellenspannung bezogen sind, so wird diese durch die Gerade durch den Punkt $\dfrac{u_{33}}{u_{3m}} = 1$ dargestellt, und wir sehen deutlich, daß die über dieser Geraden liegenden Spannungszeitflächen gleich den darunterliegenden sind, so daß tatsächlich Zunahme und Abnahme des Drosselstromes sich aufheben. Diese Kurven lassen uns auch eine für die spätere Berechnung wichtige Bedingung ablesen. Die Spannung springt im Umschaltzeitpunkt also beispielsweise bei $t = \dfrac{1}{4f}$ auf den gleichen negativen Wert, den sie kurz vorher im positiven hatte und steigt dann wieder auf den gleichen positiven Wert an. Am Anfang und Ende einer Halbwelle sind die Spannungen entgegengesetzt gleich.

Bild 32 zeigt uns unten den Spannungsverlauf an einem Rohr. Dieser ist in der Brennzeit gleich der Brennspannung (hier Null gesetzt!), springt im Umschaltzeitpunkt auf die negative Kondensatorspannung und folgt dieser bis zur folgenden Zündung. Wir sehen, daß die Spannung zunächst im Negativen verläuft und daher eine Entionisierung des Rohres möglich ist, so daß es beim Wieder-Positiv-Werden sperrfähig ist.

Den behandelten Einschaltvorgang, der zu den Spannungskurven im eingeschwungenen Zustand nach Bild 32 führt, zeigt uns Bild 33 im

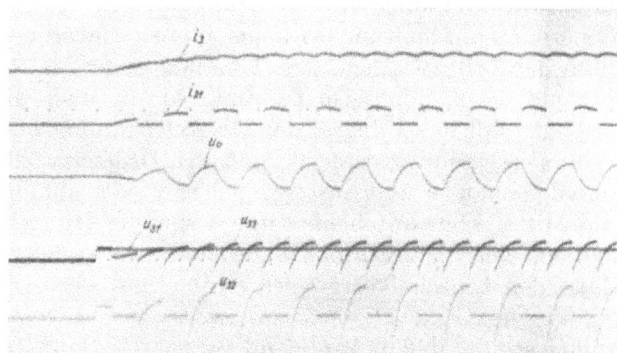

Bild 33. Einschaltvorgang des Parallelwechselrichters bei ohmscher Belastung.

Oszillogramm. Die Oszillogramme wurden in der gleichwertigen praktischen Schaltung nach Bild 30 rechts unten aufgenommen. Wir sehen oben den von Halbperiode zu Halbperiode ansteigenden Gleichstrom, darunter den Strom über ein Rohr und die erzeugte Wechselspannung. An vierter Stelle ist die Eingangsgleichspannung und die Spannung zwischen den Punkten 31 und 32 in Bild 30, die kommutierte Wechselspannung, übereinander geschrieben. Unten sehen wir die Anodenspannung einer Stromrichterstrecke (Spannung Anode gegen Kathode). Die Einschaltung geschah durch einen Schalter im Gleichstromkreis, nachdem vorher die Steuerspannung an die Gitter angelegt wurde. Es verstreicht eine kurze Zeit zwischen dem Einschalten der Gleich-

spannung und dem Erscheinen des nächstfolgenden positiven Gitter-
spannungsstoßes und der dadurch eingeleiteten Zündung der zugehörigen
Anode. Das zeigt sich im Oszillogramm dadurch, daß die Anodenspannung unten und die Spannung zwischen 31 und 32 nach Bild 30 in
dieser Zeit gleich der Gleichspannung sind. Bei der Zündung bricht
die Anodenspannung unten auf die geringe Brennspannung zusammen
und bleibt auf diesem Wert bis zur folgenden Löschung. Gleichzeitig
steigt die kommutierte Wechselspannung ebenso wie die Wechselspannung selbst an. Wir hatten oben gesehen, daß ausschlaggebend für den
Verlauf des Einschaltvorganges die Differenz von Gleichspannung und
kommutierter Wechselspannung, das ist die Spannung an der Drossel,
ist. Wir sehen hier im Oszillogramm, daß der Strom und die Spannung
des Wechselrichters so lange ansteigen, als diese Spannungsdifferenz
noch überwiegend positiv ist. Das ist in den ersten Halbperioden noch
deutlich der Fall, dann nähert sich die Differenzspannung rasch einer
reinen Wechselspannung, und der Eingangsstrom oben steigt nicht weiter
an. Die Anodenspannung unten verläuft in der Sperrhalbperiode hier
wie die doppelte Wechselspannung bzw. kommutierte Wechselspannung,
was uns der Vergleich zwischen Bild 30 rechts unten und oben verständlich macht. Somit veranschaulicht und bestätigt das Oszillogramm die
obigen Überlegungen über den Einschaltvorgang des Wechselrichters.

b) Betriebskennlinien bei ohmscher Belastung.

An die qualitative Betrachtung der Schaltung schließt sich die
rechnerische. Dabei ist von vornherein die Induktivität der Drossel
sehr groß angenommen. Mit den Bezeichnungen in Bild 30 rechts oben
ergibt sich, wenn die Rohre *1* und *2* als leitend angenommen werden
(vgl. Bild 31 links oben) für die Ströme:

$$i_0 + i_4 = i_{3m} \quad \ldots \ldots \ldots \ldots \quad (42)$$

und für die Spannungsabfälle:

$$i_0 \cdot R_0 - \frac{1}{C_0} \int i_4 \, dt + \text{konst.} = 0 \quad \ldots \ldots \quad (43)$$

Wenn wir für die gemeinsame Spannung an Widerstand und Kapazität
die Bezeichnung u_0 einsetzen, ergibt sich:

$$i_0 \cdot R_0 = \frac{1}{C_0} \int i_4 \, dt + \text{konst.} = u_0 \quad \ldots \ldots \quad (44)$$

und damit wird Gl. (42):

$$\frac{u_0}{R_0} + C_0 \frac{d u_0}{dt} = i_{3m} \quad \text{bzw.} \quad \frac{d\left(\dfrac{u_0}{i_{3m} \cdot R_0}\right)}{dt} + \frac{\left(\dfrac{u_0}{i_{3m} \cdot R_0}\right)}{R_0 C_0} = \frac{1}{R_0 C_0} \quad \ldots \ (45)$$

Diese Gleichung hat die Lösung:

$$\frac{u_0}{i_{3m} \cdot R_0} = 1 + K\,e^{-\frac{t}{C_0 R_0}} \qquad \ldots \ldots (46)$$

Wenn wir nun die oben gefundene Bedingung der entgegengesetzten Gleichheit der Spannung am Ende und Anfang einer Halbwelle einführen, finden wir für die Konstante die Gleichung:

$$1 + K \cdot e^{-\frac{1}{4f C_0 R_0}} = -\left(1 + K \cdot e^{+\frac{1}{4f C_0 R_0}}\right)$$

$$\text{aus} \quad \left(\frac{u_0}{i_{3m} \cdot R_0}\right)_{t = -\frac{1}{4f}} = \left(\frac{u_0}{i_{3m} \cdot R_0}\right)_{t = +\frac{1}{4f}} \qquad \ldots \ldots (47)$$

Dabei ist nach Bild 32 der Nullpunkt der Zeitzählung in die Mitte der betrachteten Halbperiode gelegt, so daß $t = \pm\,\dfrac{1}{4f}$ eingesetzt werden muß, wenn f die Steuerfrequenz ist. Hieraus findet man für K:

$$K = -\,\frac{2}{e^{-\frac{1}{4f C_0 R_0}} + e^{+\frac{1}{4f C_0 R_0}}} = -\,\frac{1}{\mathfrak{Cof}\,\dfrac{1}{4f C_0 R_0}} \qquad \ldots (48)$$

Damit ist der Verlauf der Spannung bestimmt, aber bezogen auf den unbekannten Strom i_{3m} bzw. $i_{3m} \cdot R_0$.

Diesen gewinnt man nun aus der zweiten obigen Bedingung, die für den Mittelwert der Spannung fordert:

$$2f \int_{-\frac{1}{4f}}^{+\frac{1}{4f}} u_0 \cdot dt = u_{3m} \qquad \ldots \ldots \ldots (49)$$

Wenn wir das Integral links auswerten mit Gl. (46) und (48), erhalten wir schließlich für den Eingangsstrom der Schaltung:

$$i_{3m} = \frac{u_{3m}}{R_0 \left[1 - 4f C_0 R_0 \,\mathfrak{Tg}\,\dfrac{1}{4f C_0 R_0}\right]} \qquad \ldots \ldots (50)$$

Das führt endlich zur vollständigen Gleichung für die Spannung innerhalb einer Halbwelle:

$$\frac{u_0}{u_{3m}} = \frac{1 - \dfrac{e^{-\frac{t}{C_0 R_0}}}{\mathfrak{Cof}\,\dfrac{1}{4f C_0 R_0}}}{\left[1 - 4f C_0 R_0 \,\mathfrak{Tg}\,\dfrac{1}{4f C_0 R_0}\right]} \qquad \ldots \qquad \ldots (51)$$

Nach dieser Gleichung sind die Kurven in Bild·32 berechnet. Die folgende Halbwelle verläuft mit umgekehrtem Vorzeichen wie die betrachtete.

Den Effektivwert der Spannung können wir im Anschluß an Gl. (50) bestimmen. Die im Widerstand R_0 verbrauchte Leistung muß ja gleich der der Gleichspannungsquelle entnommenen Leistung sein:

$$i_{0e}{}^2 \cdot R_0 = i_{3m} \cdot u_{3m} \quad \ldots \ldots \ldots \quad (52)$$

Daraus ergibt sich mit Gl. (50) für die effektive Spannung:

$$\frac{i_{0e} \cdot R_0}{u_{3m}} = \frac{u_{0e}}{u_{3m}} = \sqrt{\frac{1}{1 - 4f C_0 R_0 \operatorname{\mathfrak{Tg}} \dfrac{1}{4f C_0 R_0}}} \quad \ldots \ldots \quad (53)$$

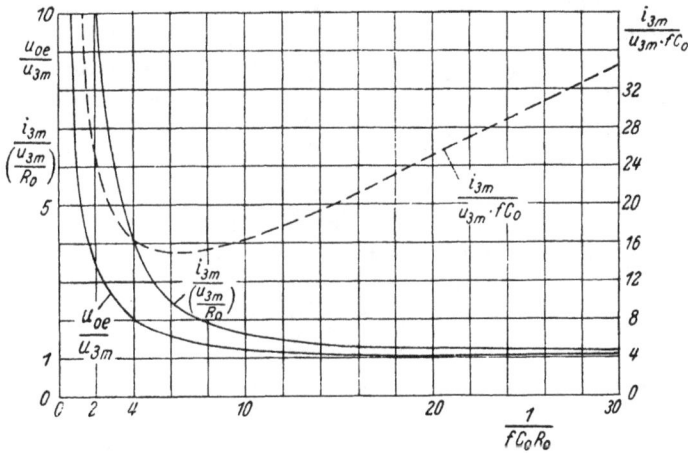

Bild 34. Strom- und Spannungskennlinien des Parallelwechselrichters nach Bild 30 rechts unten bei ohmscher Belastung.

Gleichung 50 und 53 finden wir in Bild 34 dargestellt. Es zeigt sich eine starke Abhängigkeit der Spannung vom Belastungszustand (R_0) und der Frequenz (f), wenn wir die Kapazität (C_0) als fest ansehen. Bei großen Werten R_0 oder f bzw. kleinen Werten $\dfrac{1}{f C_0 R_0}$ wird die Spannung das Vielfache der treibenden Gleichspannung. Wir verstehen das im Anschluß an die qualitative Betrachtung oben und Gl. (51), wenn wir diese Gleichung wie folgt umschreiben:

$$\frac{u_0}{u_{3m}} = \frac{1}{\left[1 - 4f C_0 R_0 \operatorname{\mathfrak{Tg}} \dfrac{1}{4f C_0 R_0}\right]} \cdot \frac{1}{\operatorname{\mathfrak{Cof}} \dfrac{1}{4f C_0 R_0}} \left(\operatorname{\mathfrak{Cof}} \dfrac{1}{4f C_0 R_0} - e^{-\frac{ft}{f C_0 R_0}}\right) (54)$$

Die e-Funktion in dieser Gleichung wird von $f \cdot t = -\dfrac{1}{4}$ bis $+\dfrac{1}{4}$ ausgenutzt, und dieser Teil verläuft um so geradliniger, je größer der Wert

$C_0 R_0$ ist. D. h. von der Umladekurve des Kondensators wird mit steigendem Werte $f C_0 R_0$ ein immer kleinerer Teil ausgenützt, so daß der Kurvenverlauf einer Halbwelle der Spannung immer geradliniger wird bzw. die ganze Spannung dreieckförmiger, wie uns schon Bild 32 oben zeigte. Da nun aber der Mittelwert der Spannung immer kleiner wird, je dreieckiger die Spannung ist, so muß die Spannung mit $f C_0 R_0$ dauernd ansteigen.

Bild 34 enthält mit der gestrichelten Kurve auch den Verlauf des Eingangsstromes bezogen auf $u_{3m} \cdot f C_0$. Diese Kurve entsteht aus der für $\dfrac{i_{3m}}{\left(\dfrac{u_{3m}}{R_0}\right)}$ durch Multiplikation mit den zugehörenden Werten $f C_0 R_0$ und gibt ein Bild über den Verlauf der Leistung bei veränderlichem Belastungswiderstand (R_0) und konstanter Frequenz f und Kapazität C_0, sowie konstanter Eingangsspannung u_{3m}. Wir sehen, daß mit steigendem Widerstand ($f C_0 R_0$ kleiner) die Leistung zunächst abnimmt, dann aber wieder ansteigt, weil jetzt die Spannung bzw. $\left(\dfrac{u_{0e}}{u_{3m}}\right)^2$ stärker ansteigt als R_0.

Zur vollständigen Beurteilung der Schaltung gehört noch das Verhalten der »Nulldurchgangszeit« und der höchsten Sperrspannung der

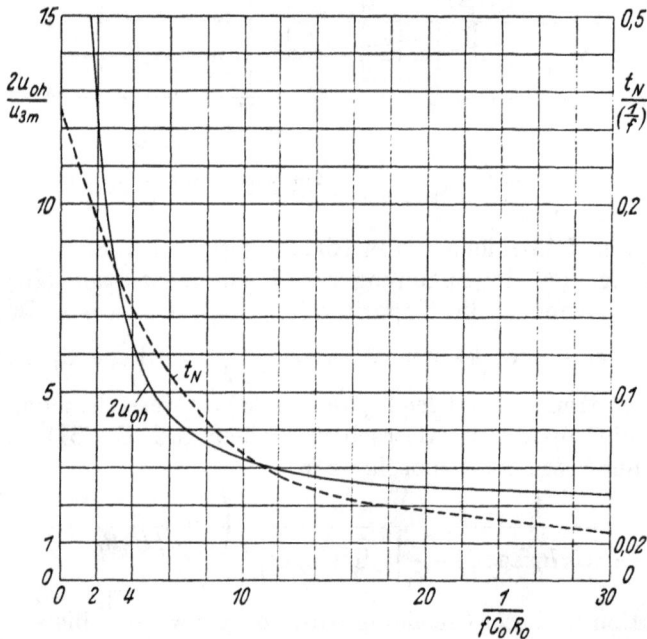

Bild 35. Entionisierungszeit und Sperrspannungskennlinie des Parallelwechselrichters nach Bild 30 rechts unten bei ohmscher Belastung.

Rohre, die uns Bild 35 zeigen. Die Nulldurchgangszeit t_N, die in Bild 32 unten angedeutet ist, steht zur Entionisierung zur Verfügung und ist die Zeit vom Löschzeitpunkt bis zum Nulldurchgang der Anodenspannung. Sie nimmt mit steigendem Werte $f C_0 R_0$ zu und erreicht den Grenzwert $\left(\dfrac{t_N}{1/f}\right) = 0{,}25$, d. h. $\frac{1}{4}$ der Periodendauer entsprechend der dreieckigen Kurvenform der Spannung. In Bild 35 ist der doppelte Spitzenwert der Wechselspannung als Sperrspannung aufgetragen, wie es der praktisch gebräuchlichsten Schaltung nach Bild 30 rechts unten entspricht. Für die Berechnung ist die Drossel im Gleichstromkreis sehr groß angenommen, d. h. so, daß der überlagerte Wechselstrom vernachlässigbar ist. Wie groß die Drossel unter diesen Bedingungen sein muß, läßt sich nach Kenntnis der effektiven Drosselspannung abschätzen. Diese ist innerhalb einer Halbzeit gegeben als Differenz der Wechselspannung und Gleichspannung und hat eine doppelte Grundfrequenz gegenüber der Wechselspannung. Der Effektivwert ist daher, bezogen auf die Gleichspannung:

$$\frac{u_{e\,\text{Drossel}}}{u_{3m}} = \sqrt{2f\int\limits_{\frac{1}{4f}}^{\frac{1}{4f}}\left(\frac{u_0}{u_{3m}}-1\right)^2 dt}$$

$$= \sqrt{\left(\frac{u_{0e}}{u_{3m}}\right)^2 - 2\int\limits_{\frac{1}{4f}}^{\frac{1}{4f}}\left(\frac{u_0}{u_{3m}}\right)dt + 1} = \sqrt{\left(\frac{u_{0e}}{u_{3m}}\right)^2 - 1} \qquad (55)$$

Wenn man diese Spannung zur Berechnung des Drosselwechselstromes der Frequenz $2f$ wählt, rechnet man zu ungünstig, da die Spannung der Drossel einen hohen Anteil an Oberschwingungen hat, für die der induktive Drosselwiderstand größer als $2\,\omega\,L_3$ ist.

Es besteht nun für diese Schaltung noch eine andere Berechnungsart, die die vorstehende ergänzt. Wir hatten auf S. 59 für die einfache Schaltung nach Bild 30 links oben gesehen, daß sich der Strom in der Form einer Rechteckwelle nach Gl. (41) ausdrücken läßt. Wenn nun in der praktischen Schaltung Bild 30 rechts oben eine große Drosselspule vorhanden ist, so läßt sich der Eingangsstrom in das $C_0 R_0$-Glied auch als Rechteckstrom darstellen, und die Spannung kann als Multiplikation dieses Stromes mit dem resultierenden Widerstand gefunden werden, und zwar muß diese Multiplikation für jede Stromoberschwingung gesondert durchgeführt werden. Der Strom hat wie in Gl. (41) die Form:

$$i_4 + i_0 = i_{3m} \cdot f(\omega t) = i_{3m} \frac{4}{\pi} \left[\cos \omega t + \frac{1}{3} \cos 3\omega t + \frac{1}{5} \cos 5\omega t + \dots \right] \quad (56)$$

und der Widerstand des $C_0 R_0$-Gliedes nimmt für eine beliebige Frequenz nf die symbolische Form an:

$$z_n = \frac{1}{\frac{1}{R_0} + j\, n\, \omega C_0} = \frac{R_0 - j\, n\, \omega\, C_0 \cdot R_0{}^2}{1 + (n\, \omega\, C_0 \cdot R_0)^2} \quad \dots \quad (57)$$

mit dem Absolutbetrag $\dfrac{R_0}{\sqrt{1 + (n\, \omega C_0 \cdot R_0)^2}}$ und bewirkt eine Nacheilung der Oberschwingungen der Spannung gegenüber denen des Stromes um den Phasenwinkel φ_n, der aus der Beziehung:

$$\operatorname{tg} \varphi_n = n\, \omega\, C_0 \cdot R_0 = \frac{R_0}{\left(\dfrac{1}{n\, \omega C_0} \right)} \quad . \quad (58)$$

gegeben ist.

Somit läßt sich für die Spannung die Reihe anschreiben:

$$u_0 = i_{3m} \cdot \frac{4}{\pi} \cdot R_0 \left[\frac{\cos(\omega t - \varphi_1)}{1 + (\omega C_0 \cdot R_0)^2} + \frac{1}{3} \frac{\cos(3\omega t - \varphi_3)}{1 + (3\omega C_0 \cdot R_0)^2} \right.$$
$$\left. + \frac{1}{5} \frac{\cos(5\omega t - \varphi_5)}{1 + (5\omega C_0 \cdot R_0)^2} + \dots \right] \quad \dots \quad (59)$$

Damit ist die Spannung wieder nur bestimmt bis auf den Faktor i_{3m}, den Eingangsstrom. Um diesen zu finden, müssen wir für den Mittelwert der Spannung in einer Halbwelle übereinstimmend mit Gl. (49) ansetzen:

$$\frac{1}{\pi} \int_{-\frac{\pi}{2}}^{+\frac{\pi}{2}} u_0 \, d\omega t = u_{3m} \quad \dots \quad (60)$$

Das ergibt für u_{3m} die Gleichung:

$$u_{3m} = \frac{1}{\pi} i_{3m} \cdot \frac{4 R_0}{\pi} \left[\frac{\sin\left(\frac{\pi}{2} - \varphi_1\right) - \sin\left(-\frac{\pi}{2} - \varphi_1\right)}{1 + (\omega C_0 \cdot R_0)^2} + \right.$$
$$\left. + \frac{1}{3} \frac{\sin\left(\frac{3}{2}\pi - \varphi_3\right) - \sin\left(-\frac{3}{2}\pi - \varphi_3\right)}{\sqrt{1 + (3\omega C_0 \cdot R_0)^2}} + \dots \right]$$
$$= \frac{1}{\pi} \frac{i_{3m} \cdot 4 R_0}{\pi} \left[\frac{2\cos\varphi_1}{\sqrt{1 + (\omega C_0 \cdot R_0)^2}} + \frac{1}{3} \cdot \frac{-2\cos\varphi_3}{\sqrt{1 + (3\omega C_0 \cdot R_0)^2}} + \dots \right]$$

bzw. $i_{3m} = \dfrac{u_{3m} \cdot \pi^2}{4\,R_0} \times$ $\dfrac{1}{2}$

$\times \left[\dfrac{\cos \varphi_1}{\sqrt{1 + (\omega C_0 \cdot R_0)^2}} \quad \dfrac{1}{3} \dfrac{\cos \varphi_3}{\sqrt{1 + (3\,\omega C_0 \cdot R_0)^2}} + \dfrac{1}{5} \dfrac{\cos \varphi_5}{\sqrt{1 + (5\,\omega C_0 \cdot R_0)^2}} \cdots \right]$

$$\ldots \ldots (61)$$

Da die Glieder der Reihe im Nenner praktisch rasch abnehmen, braucht man nur wenige Glieder zu berücksichtigen. Diese Gleichung ist das Gegenstück zur Gl. (50) nach dem ersten Rechenverfahren. Die Gl. (59) gibt uns einen Überblick über die in der Wechselrichterspannung enthaltenen Harmonischen. Wenn wir die Werte $1/fC_0 R_0 = 4$ und $= 16$, die für die Kurven in Bild 32 gelten, zugrunde legen und für die Grund-

schwingung $(u_{0h})_1 = \dfrac{i_{3m} \cdot \dfrac{4}{\pi} \cdot R_0}{\sqrt{1 + (\omega\,C_0\,R_0)^2}} = 1$ setzen, erhalten wir für beide

Fälle aus Gl. (59):

$\dfrac{1}{fC_0 R_0} = 4, \quad \dfrac{u_0}{(u_{0h})_1} = 1 \cdot \cos(\omega t - \varphi_1) + 0{,}126 \cos(3\,\omega t - \varphi_3) +$
$\qquad\qquad + 0{,}047 \cdot \cos(5\,\omega t - \varphi_5) + 0{,}024 \cos(7\,\omega t - \varphi_7) +$
$\qquad\qquad + \ldots$

$\dfrac{1}{fC_0 R_0} = 16, \quad \dfrac{u_0}{(u_{0h})_1} = 1 \cdot \cos(\omega t - \varphi_1) + 0{,}223 \cos(3\,\omega t - \varphi_3) +$
$\qquad\qquad + 0{,}098 \cdot \cos(5\,\omega t - \varphi_5) + 0{,}052 \cos(7\,\omega t - \varphi_7) +$
$\qquad\qquad + \ldots \ldots \ldots \ldots \ldots \ldots \ldots (62)$

Diese Gleichungen geben uns einen Überblick über die Verteilung der Oberschwingungen in dem Spannungsverlauf nach Bild 32. In der praktischen Schaltung nach Bild 30 rechts unten erscheint der Rechteckstrom, der den Ausgang dieser Rechnungsart bildet, als sekundärer Transformatorstrom, wenn die Wechselrichterkapazität auf die Sekundärseite gelegt wird. Verbraucherwiderstand und parallele Wechselrichterkapazität bilden dann unmittelbar das $C_0 R_0$-Glied, dem der Rechteckstrom aufgezwungen wird.

Diese Überlegungen zeigen zusammenfassend folgende Eigenschaften der einfachen Wechselrichterschaltung nach Bild 30 bei ohmscher Belastung:

Starker Anstieg der Spannung nach Bild 34 mit steigendem Widerstand, d. h. nach dem eigentlichen Leerlauf hin.

Abnahme der Leistung nach Bild 34 mit steigendem Widerstand bis zu einem Minimum und dann wieder Anstieg.

Hoher Oberwellengehalt der Spannung. Abnahme der verfügbaren Entionisierungszeit nach Bild 35 mit abnehmendem Widerstand, d. h. mit steigender Belastung. Anstieg der höchsten Sperrspannung nach Bild 35 andererseits mit steigendem Widerstand.

Diese Eigenschaften sind für die praktische Verwendung der einfachen Parallelwechselrichterschaltung sehr ungünstig. Um die Spannungsabhängigkeit zu verringern, wird man versuchen, den Betriebspunkt zu möglichst hohen Werten $\dfrac{1}{f C_0 R_0}$ nach Bild 34 zu legen, und dem Wechselrichter eine Vorbelastung zu geben beispielsweise durch die Heizung der Glühkathodenröhren oder die Erregung einer Quecksilberkathode, die ohne dies aufgebracht werden muß, und so einen Übergang zum vollständigen Leerlauf zu ermöglichen. Wegen der Abnahme der Entionisierungszeit mit steigenden Werten $\dfrac{1}{f C_0 R_0}$ ist aber diesem Weg eine Grenze gesetzt.

Eine andere Möglichkeit besteht darin, den Wechselrichtertransformator in der praktischen Schaltung nach Bild 30 rechts unten hochgesättigt auszuführen. Dann erhält man nach dem Leerlauf hin nicht den starken Anstieg der Betriebskennlinie nach Bild 34, denn diese gilt nur unter der Voraussetzung vernachlässigbar kleiner Magnetisierungsströme. Hierdurch erreicht man auch, daß der Einfluß von Schwankungen der treibenden Gleichspannung auf die Wechselspannung vermindert wird, der sonst voll zur Geltung kommt. [16.]

Die bisherige Untersuchung berücksichtigt nur ohmsche Belastung, umschließt aber auch kapazitive Belastung durch parallelgeschaltete Kapazität, die nur eine Erhöhung der Umschaltkapazität bedeuten würde.

c) Induktive Belastung bei sinusförmiger Ausgangsspannung.

Bei Berücksichtigung zusätzlicher induktiver Belastung verwenden wir die zweite Berechnungsmethode, wonach ein rechteckiger Strom $i_{3m} f(\omega t)$ dem Belastungskreis mit parallelliegender Kapazität aufgezwungen wird. Das muß grundsätzlich immer möglich sein, führt aber zu sehr verschiedenen Spannungsformen und damit zu sehr verschiedenen Entionisierungzeiten. Wenn diese zu klein werden, ist die dazugehörige Belastung nicht möglich. (Versagen der Entionisierung führt zur frühzeitigen Zündung, zur »Durchzündung«, und damit zum Kurzschluß der Gleichspannungsquelle). Wir wollen die Bedingungen bei induktiver Belastung an einem praktischen Belastungsfall behandeln. Zur Speisung elektrischer Induktionsöfen werden Wechselrichter mit Erfolg benutzt, und zwar in der im folgenden Abschnitt behandelten Umrichterschaltung mit Gleichstromzwischenkreis. Dabei hat die Wechselrichterseite die gleiche Wirkungsweise, wie bei der hier betrachteten Schaltung mit Anschluß an eine Gleichspannungsquelle.

Das Ersatzschaltbild eines Induktionsofens ist gegeben durch eine Induktivität L_0 mit in Reihe geschaltetem Widerstand R_0. Dieser

Widerstand stellt die Wirbelstromkreise des Schmelzgutes dar. Der Verschiebungsfaktor des Ofens ist etwa $\cos \varphi_0 = 0{,}1 \ldots 0{,}3$, der praktische Frequenzbereich $500 \ldots 2000$ Hz. D. h. der ohmsche Widerstand ist bedeutend kleiner als der induktive:

$$\frac{\omega L_0}{R_0} = \operatorname{tg} \varphi_0 = \sqrt{\frac{1}{(\cos \varphi_0)^2} - 1} = 10 \div 3{,}2 \quad \ldots \ldots \text{(63)}$$

Normalerweise wird der induktive Stromanteil mittels Parallelschalten eines Kondensators durch einen gleichgroßen kapazitiven Strom ausgeglichen, so daß die Stromaufnahme ein Minimum erreicht:

$$\frac{u_0}{\sqrt{(R_0)^2 + (\omega L_0)^2}} \sin \varphi_0 = \frac{u_0}{\left(\dfrac{1}{\omega C_0}\right)} \quad \text{bzw.} \quad \frac{1}{\omega C_0} = \left[1 + \left(\frac{R_0}{\omega L_0}\right)^2\right] \omega L_0 \qquad \text{(64)}$$

Bild 36 zeigt unten das Schaltbild bei Anschluß eines Ofens an die Wechselrichterschaltung. Darüber sehen wir die Ersatzschaltung, der wir uns für die Rechnung den Rechteckstrom i nach Gl. (56) aufgezwungen denken können. Die zwischen den Anoden liegende Kapazität denken wir uns auch auf die Ofenseite umgerechnet, sie erscheint daher in der Ersatzschaltung als $C_0' = C_2 \times \ddot{u}^2$, wobei $\ddot{u}$ das Übersetzungsverhältnis ist.

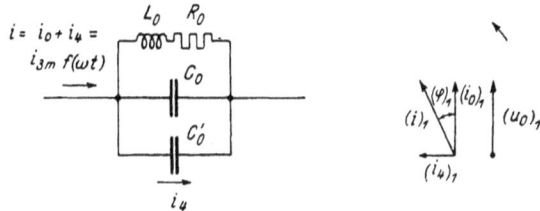

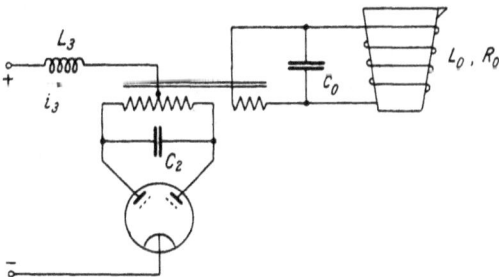

Wir betrachten zunächst die Grundschwingung des Stromes $(i)_1$

Bild 36. Wechselrichter zur Speisung eines Induktionsofens.

$= i_{3m} \cdot \dfrac{4}{\pi} \cos \omega t$. Der Ofen einschließlich des Ausgleichskondensators C_0 stellt für die Grundschwingung einen ohmschen Widerstand von der Größe

$$R = R_0 \left[1 + \left(\frac{\omega L_0}{R_0}\right)^2\right] \qquad \ldots \text{(65)}$$

dar. Auf diesen Widerstand und den Kondensator C_0' teilt sich der Strom $(i)_1$ auf. Das ist in Bild 36 rechts oben im Vektordiagramm gezeigt. Der Wirkstrom erzeugt an R die Wechselrichterspannung:

$$(u_0)_1 = \left(i_{3\,m} \cdot \frac{4}{\pi} \cdot \cos{(\varphi)_1} \cdot \cos{(\omega\,t - (\varphi)_1)} \right) \cdot R \qquad . \ (66)$$

Der Phasenwinkel $(\varphi)_1$ folgt aus der Gleichung

$$\text{tg}\,(\varphi)_1 = \frac{R}{\left(\dfrac{1}{\omega\,C_0} \right)} \qquad\qquad . \ (67)$$

und ist der Phasenwinkel der Grundschwingung des Gesamtstromes, der vom Wechselrichtertransformator abgegeben wird, einschließlich des Stromes in die Löschkapazität. Um diesen Phasenwinkel eilt der Strom vor bzw. die Grundschwingung der Wechselrichterspannung nach, und er entspricht der Entionisierungszeit, wie unten gezeigt wird. Bild 37 zeigt oben den Rechteckstrom und dessen Grundschwingung und unten die nacheilende Grundschwingung der Wechselrichterspannung. Es läßt sich zeigen, daß die Oberschwingungen in der Spannung vernachlässigbar sind, so daß $(u_0)_1$ annähernd den vollständigen Spannungsverlauf darstellt.

Für die Oberschwingungen des Stromes bildet die Gesamtschaltung einen vorwiegend kapazitiven, sehr kleinen Widerstand; es sei die Oberschwingung dreifacher

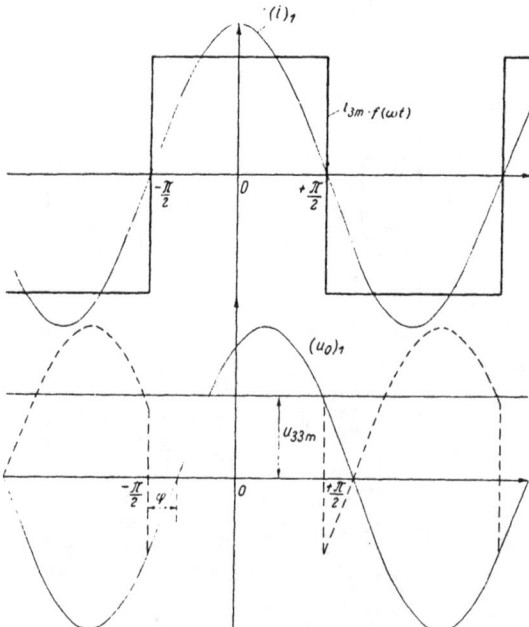

Bild 37. Strom- und Spannungsverhältnisse bei dem Wechselrichter nach Bild 36.

Frequenz in der Spannung abgeschätzt. Nach Gl. (63) und (65) ist:

$$\frac{R}{\omega\,L_0} = \left(\frac{R_0}{\omega\,L_0} \right) + \frac{\omega\,L_0}{R_0} \approx \frac{\omega\,L_0}{R_0} \qquad . \qquad . \ (68)$$

Dann ist der kapazitive Widerstand des Ausgleichskondensators der nach Gl. (63) und (64) für die Grundfrequenz annähernd gleich dem induktiven des Ofens ist, bei dreifacher Frequenz:

$$\frac{1}{3\,\omega\,C_0'} \approx \frac{1}{3}\,\omega\,L_0 \approx \frac{1}{3}\,\frac{R_0}{\omega\,L_0} \cdot R \qquad . \quad . \quad . \quad . \ (69)$$

und wenn wir annehmen, daß der Strom dreifacher Frequenz vorwiegend über diesen Kondensator fließt, da der induktive Widerstand des Ofens bei 3 facher Frequenz 9 mal größer ist, ergibt sich für die Spannung 3 facher Frequenz:

$$(u_0)_3 \approx i_{3m} \cdot \frac{4}{\pi} \cdot \frac{1}{3} \cos\left(3\,\omega\,t - \frac{\pi}{2}\right) \cdot \frac{1}{3\,\omega\,C_0}$$

$$= i_{3m} \cdot \frac{4}{\pi} \cdot \frac{1}{3} \cdot \frac{1}{3} \cdot \frac{R_0}{\omega\,L_0} \cdot R \cdot \cos\left(3\,\omega\,t - \frac{\pi}{2}\right)$$

$$= i_{3m} \cdot \frac{4}{\pi} \cdot R \cdot \left[\frac{1}{90} \div \frac{1}{27}\right] \cos\left(3\,\omega\,t - \frac{\pi}{2}\right) \qquad . \quad (70)$$

Der Vergleich mit Gl. (66) zeigt, daß diese Spannung vernachlässigbar klein ist, der Wert der eckigen Klammer gibt das Verhältnis zu $(u_0)_1$ an, abgesehen von $\cos(\varphi)_1$, dessen Wert praktisch bei $-0,87$ liegt.

Wenn die Oberschwingungen vernachlässigbar sind, ist die Wechselrichterspannung durch Gl. (66) gegeben bis auf den Eingangsstrom i_{3m} als Faktor. Diesen finden wir wieder durch die Bedingung, daß die mittlere Wechselrichterspannung in einer Halbwelle gleich der treibenden Gleichspannung ist. In Bild 37 ist das angedeutet, indem die Spannung der zweiten Halbperiode umgekehrt wurde und so die kommutierte Spannung mit dem Mittelwert u_{33m} entsteht. Dafür gilt mit Gl. (66):

$$\frac{1}{\pi} \int_{-\frac{\pi}{2}}^{+\frac{\pi}{2}} (u_0)_1 \, d\,\omega\,t \approx \frac{1}{\pi} \int_{-\frac{\pi}{2}}^{+\frac{\pi}{2}} i_{3m} \cdot \frac{4}{\pi} \cos(\varphi)_1 \, R \cdot \cos(\omega\,t - (\varphi)_1) \approx u_{33m}$$

$$i_{3m} \approx \frac{u_{33m}}{\frac{4}{\pi} \cos(\varphi)_1 \cdot R} \cdot \frac{1}{\frac{2}{\pi} \cos(\varphi)_1} \qquad \ldots \ldots \ldots (71)$$

Das führt schließlich zu einem Effektivwert der Wechselrichterspannung:

$$\frac{u_{0e}}{u_{33m}} \approx \frac{1}{\sqrt{2}} \frac{1}{\frac{2}{\pi} \cos(\varphi)_1} = \frac{\pi}{2\sqrt{2}} \frac{1}{\cos(\varphi)_1} \qquad \ldots \ldots \ldots (72)$$

Die Spannung ist also dem Kosinus des Entionisierungszeitwinkels umgekehrt proportional.

Wenn wir diese Gleichung umschreiben, kommen wir auf:

$$u_{33m} = \sqrt{2}\,u_{0e}\,\frac{2}{\pi}\cos(\varphi)_1 \qquad \ldots \ldots \ldots (73)$$

eine Gleichung, die übereinstimmt mit der für die mittlere Gleichspannung des zweiphasigen netzerregten Wechselrichters mit der

Zündverfrühung $\gamma = (\varphi)_1$. Das ist zu erwarten, da hier sinusförmige Wechselrichterspannung erzwungen wurde. Doch sei der Unterschied betont: Beim netzerregten Wechselrichter wird die notwendige Entionisierungszeit durch Zündverfrühung erreicht; die Steuerung wird an das gespeiste Netz angeschlossen, und die Steuerspannung läßt man entsprechend voreilen. Dadurch wird dem gespeisten Wechselstromnetz, wie wir gesehen haben, induktive Blindleistung entnommen bzw. kapazitive Blindleistung aufgezwungen. Beim selbsterregten Wechselrichter mit sinusförmiger Ausgangsspannung wird die notwendige Entionisierungszeit durch einen kapazitiven Widerstand (Wechselrichterkapazität) erreicht, der den induktiven Widerstand überwiegt und bewirkt, daß die Spannung dem aufgezwungenen Strom nacheilt. Die Steuerung kann von einer fremden Steuerspannungsquelle gespeist werden und bestimmt den Nulldurchgang des aufgezwungenen Stromes.

Wenn bei Selbststeuerung die erzeugte Wechselspannung als Steuerspannungsquelle dienen soll, so muß durch einen Phasenschiebekreis erreicht werden, daß die Steuerspannung bzw. die positive Steuerspannungsspitze dem Nulldurchgang der Wechselspannung voreilt gerade um den Phasenwinkel $(\varphi)_1$ zwischen aufgezwungenem Strom und der Spannung. Ist das nicht der Fall, so stellt sich selbsttätig eine solche Frequenz des Wechselrichters ein, daß diese Bedingung erfüllt ist. Da die Phasenvoreilung des aufgezwungenen Stromes zu der erzeugten Spannung mit steigender Frequenz zunimmt, infolge der Abnahme des kapazitiven Widerstandes, so muß die Phasenvoreilung der Steuerspannung mit steigender Frequenz abnehmen, damit sich stabile Verhältnisse einstellen. Entsprechend muß die Steuerschaltung aufgebaut sein.

Beide Wechselrichter sind auch in der Betriebsweise verschieden. Beim netzerregten Wechselrichter ist die Wechselspannung vom Netz vorgegeben. Durch Änderung der Aussteuerung ändert sich nach Gl. (73) die innere Spannung $u_{33\,m}$ auf der Gleichstromseite und damit bei vorgegebener äußerer Spannung $u_{31\,m}$ die Strom- und damit Leistungsaufnahme nach der Beziehung:

$$i_{3m} = \frac{u_{31\,m} - u_{33\,m}}{R_3} \qquad \ldots \ldots \ldots \quad (74)$$

und entsprechend ändert sich auch die Strom- bzw. Leistungsabgabe. Dabei soll R_3 ein Ersatzwiderstand zur Erfassung aller Spannungsabfälle, auch der durch den Umschaltvorgang, sein. Die innere Gleichspannung ist nur um den geringen Spannungsabfall $i_{3\,m} \cdot R_3$ verschieden von der äußeren Spannung; dadurch liegt auch die Aussteuerung bzw. γ fest.

Beim selbsterregten Wechselrichter dagegen ist die Wechselspannung nach Gl. (72) von der durch die Wechselrichterkapazität bedingten Phasenverschiebung zwischen Strom und Spannung abhängig und kann in weiten Grenzen geändert werden, wobei auch die innere Gleichspannung u_{33m} durch die äußere Spannung festliegt. Zur Berechnung des Stromes dient hier die Gleichung für das Leistungsgleichgewicht zwischen Gleichstromseite und Wechselstromseite:

$$i_{3m} \cdot u_{33m} = \frac{u_{0e}{}^2}{R} \quad \ldots \ldots \ldots \quad \ldots \ldots (75)$$

Dabei ist der ohmsche Spannungsabfall im Gleichstromkreis vernachlässigt, der hier nicht die maßgebende Bedeutung wie beim netzerregten Wechselrichter hat, und R ist der ohmsche Ersatzwiderstand des Verbrauchers für die Grundschwingung. Mit Gl. (72) für die Spannung ist dann übereinstimmend mit Gl. 71 der Strom bestimmt durch treibende Gleichspannung, Belastungswiderstand und inneren Phasenwinkel:

$$i_{3m} = \frac{u_{0e}}{R} \cdot \cfrac{1}{2 \mid 2 \, \dfrac{1}{\pi} \cdot \cos{(\varphi)_1}}$$

$$= \frac{u_{33m}}{R} \cdot \left(\cfrac{1}{2 \mid 2 \, \dfrac{1}{\pi} \cos{(\varphi)_1}} \right)^2 \quad \ldots \ldots \ldots (76)$$

Bei konstantem ohmschen Belastungswiderstand und bei konstanter treibender Gleichspannung ändert sich der aufgenommene Strom umgekehrt wie das Quadrat des Verschiebungsfaktors $\cos{(\varphi)_1}$.

Das sollen uns abschließend zwei Einschaltoszillogramme eines selbsterregten, fremdgesteuerten Wechselrichters mit sinusförmiger Wechselspannung veranschaulichen. Es wurde bei einem selbsterregten Wechselrichter parallel zur ohmschen Belastung ein Parallelresonanzkreis geschaltet, der auf die Frequenz des Wechselrichters abgestimmt ist. Dieser bildet für die Grundschwingung einen sehr hohen Widerstand und stellt für die Oberschwingungen einen kapazitiven Kurzschluß dar. Bei unverändertem Belastungswiderstand wurden die Aufnahmen für zwei verschieden große Wechselrichterkapazitäten gemacht, so daß im eingeschwungenen Zustand die Phasenverschiebung etwa $(\varphi)_1 = 30$ und $(\varphi)_1 = 60^0$ wird. Wir sehen wieder oben den Eingangsstrom, darunter den Strom über einen Stromrichter und die erzeugte Wechselspannung. Unten ist die kommutierte Wechselspannung und die Anodenspannung wiedergegeben. Diese Spannungen zeigen nach dem Einschalten bis zur ersten Zündung eines Stromrichters die treibende Gleichspannung, die in beiden Oszillogrammen gleich ist. Der Einschaltvorgang geht ähnlich wie beim rein ohmisch belasteten Wechselrichter nach Bild 30 beschrieben vor sich. In der Anodenspannung

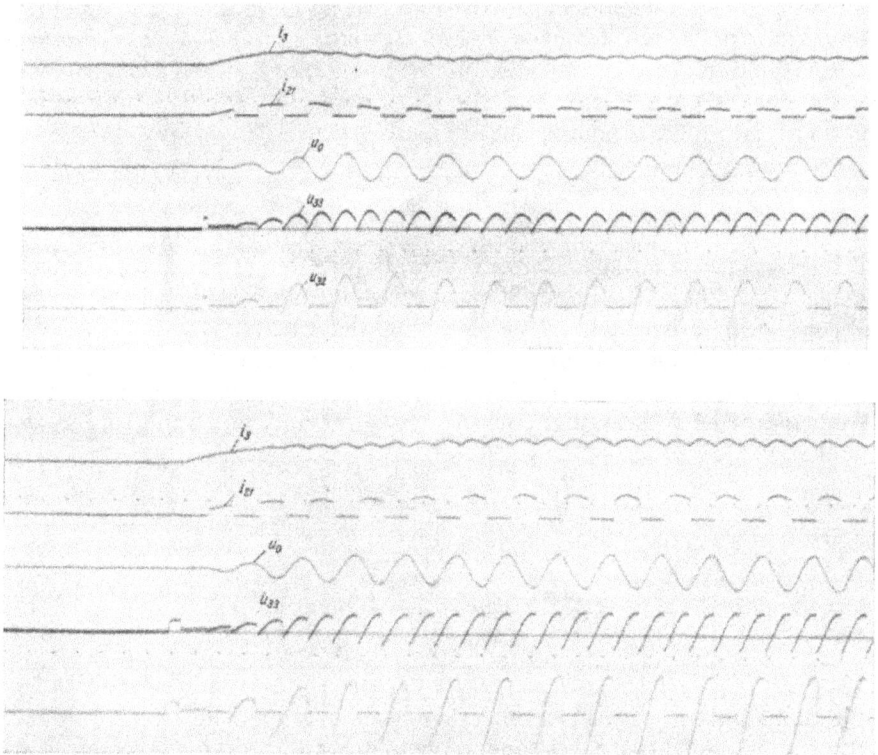

Bild 38. Einschaltvorgang des Parallelwechselrichters mit ohmscher und kapazitiv ausgeglichener induktiver Belastung.

unten ist der Unterschied der Phasenwinkel in beiden Oszillogrammen deutlich. Man erkennt, daß bei kleinem Phasenwinkel die Wechselspannung erheblich kleiner ist als bei großem Phasenwinkel. Ebenso ist der oben gezeichnete Strom kleiner. Es stellt sich eine solche Wechselspannung ein, daß der Mittelwert der kommutierten Wechselspannung gleich der treibenden Gleichspannung wird. Dies ist ja zugleich die Bedingung für den eingeschwungenen Zustand des Wechselrichters überhaupt. Die Aufnahmen sind zu vergleichen mit Abb. 33 für den rein ohmisch belasteten Wechselrichter.

Diese Aufnahmen zeigen, daß man durch Änderung des inneren Phasenwinkels $(\varphi)_1$ die Möglichkeit hat, die Spannung und damit die abgegebene Leistung der selbsterregten Wechselrichter zu regeln. Die Änderung des Phasenwinkels kann ebenso wie durch Kapazitätsänderung auch durch Frequenzänderung geschehen. (Dazu kommt noch die Regelmöglichkeit durch Änderung der treibenden Gleichspannung, sofern diese über einen gesteuerten Gleichrichter aus dem Drehstrom-

netz gebildet wird, wie der folgende Abschnitt zeigt.) Bei zunehmender
Frequenz nimmt der kapazitive Widerstand der Wechselrichterkapazität und der Ausgleichskapazität ab und der induktive Widerstand
des Verbrauchers zu. Das hat eine Erhöhung der inneren Phasenverschiebung und damit auch der Spannung zur Folge. Bei abnehmender
Frequenz ist es umgekehrt. So kann man beispielsweise bei Speisung
eines Induktionsofens bei stark veränderlichem Scheinwiderstand des
Schmelzgutes während des Schmelzvorganges ein bestimmtes Lei-
stungsprogramm durch Frequenzregelung einhalten, gegebenenfalls
noch durch zusätzliche Regelung der treibenden Gleichspannung. Will
man aber beispielsweise bei Speisung eines Bahnnetzes mit konstanter
Frequenz und bei konstanter treibender Gleichspannung die Wechselspannung konstant halten, so muß der Phasenwinkel $(\varphi)_1$ konstant gehalten werden. Das bedeutet aber bei veränderlicher, induktiv-ohmscher
Belastung, daß die Wechselrichterkapazität zuzüglich der Ausgleichskapazität geregelt werden muß.

Allgemein ergibt sich bei Speisung induktiv-ohmscher Verbraucher die Notwendigkeit eines kapazitiven Parallelwiderstandes, der für
die Grundschwingung $\cos (\varphi_0)_1 = 1$ erzwingt, damit die zusätzliche
Wechselrichterkapazität die notwendige Nacheilung der Wechselspannung bewirken kann. Ferner müssen Verbraucherwiderstand, zusätzlicher kapazitiver Widerstand und der Widerstand der Wechselrichterkapazität zusammengenommen für die Oberschwingungen des aufgezwungenen Stromes einen Widerstand bilden, der möglichst klein gegenüber dem Gesamtwiderstand für die Grundschwingung ist. Dann ist
eine vorwiegend sinusförmige Wechselspannung zu erwarten und werden
die Entionisierungsbedingungen eingehalten.

Bei dem behandelten Beispiel des Ofens ergab sich von vornherein
ein geringer Widerstand der Gesamtanordnung für Oberschwingungen,
infolge des kleinen $\cos \varphi_0$-Wertes des Ofens für die Grundschwingung.
Für andere Verbraucher mit höheren $\cos \varphi_0$-Werten, beispielsweise
Wechselstrombahnmotoren, wird man Schwingungskreise parallel schalten, die auf die einzelnen Oberschwingungen abgestimmt sind und für
diese einen geringen Widerstand darstellen.

Die gesamte notwendige Kapazität, Verbraucherausgleichskapazität
und Wechselrichterkapazität, und die Resonanzkreise entsprechen der
Blindleistungsmaschine des netzerregten Wechselrichters bzw. ihre
Blind- und Verzerrungsleistungsaufnahme entspricht der der Blindleistungsmaschine bzw. des führenden Netzes. Praktisch schließt man
selbsterregte Wechselrichter zur Speisung von Induktionsöfen und
Wechselstrombahnen, die die beiden Hauptanwendungsgebiete darstellen, an das Drehstromnetz an, indem man Gleichrichtung und
Wechselrichtung verbindet, wie der folgende Abschnitt zeigen soll.

2. Der selbsterregte Umrichter mit Gleichstromzwischenkreis.

a) Umrichter für Niederfrequenz und Mittelfrequenz.

Genau so wie der netzerregte Wechselrichter kann auch der selbsterregte Wechselrichter über einen Gleichstromzwischenkreis aus einem Wechselstrom- bzw. Drehstromnetz gespeist werden. Das zeigt uns Bild 39 oben. Es ist da angenommen, daß auf der Einphasenwechselstromseite Reihenresonanzkreise als Kurzschluß für die Oberschwingungen vorgesehen sind, um eine sinusförmige Spannung zu erzwingen. Das gilt beispielsweise für das eine Hauptanwendungsgebiet, Speisung von elektrischen Bahnen mit $16\frac{2}{3}$ Hz Einphasenwechselspannung aus dem Landesdrehstromnetz mit 50 oder 60 Hz. Bei dem anderen Anwendungsgebiet, der Speisung von elektrischen Induktionsöfen, wird sinusförmige Spannung durch den Ausgleichskondensator erzielt, wie im vorigen Abschnitt gezeigt. Wir wollen uns daher auf sinusförmige Wechselrichterspannung in diesem Abschnitt beschränken.

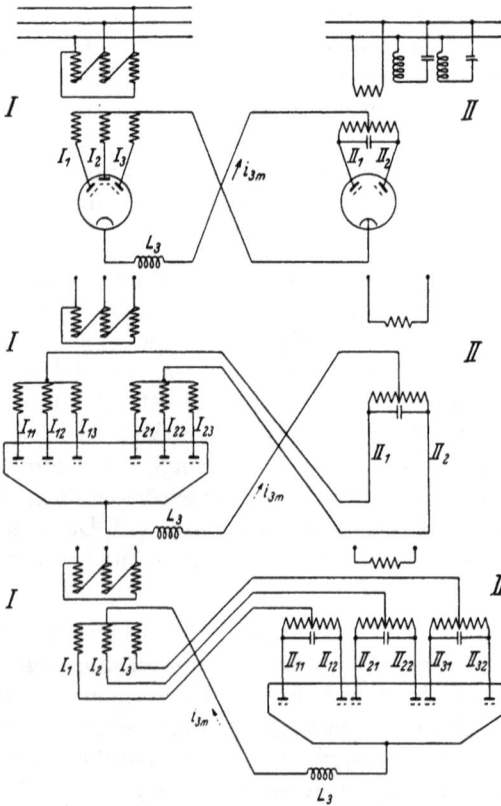

Bild 39. Umrichterschaltung mit Gleichstromzwischenkreis zur Speisung eines Einphasenwechselstromnetzes aus dem Drehstromnetz (oben) und ihre Umbildung durch Aufteilung der Sekundärseite der Transformatoren (Mitte und unten).

Genau so, wie das an Hand von Bild 25 für den netzerregten Wechselrichter gezeigt wurde, kann man die beiden Gefäße zusammenfassen, und kommt dann zu zwei grundsätzlichen Schaltungsmöglichkeiten nach Bild 39 unten. Es kann nämlich entweder der Dreiphasentransformator sekundär aufgelöst werden in zwei Gruppen, die den Anoden des Wechselrichtergefäßes entsprechen oder der Wechselrichtertransformator wird in drei Gruppen aufgelöst, die den Anoden des Gleichrichtergefäßes entsprechen. Die Gruppen lösen einander in der Stromführung ab wie die ursprünglich vorhandenen Anoden, während der Anodenwechsel innerhalb einer Gruppe wie bei den ursprünglichen Anoden, die zum gleichen Transformator gehören, erfolgt. Man wählt bei einem Umrichter zur Speisung eines Bahnnetzes mit niedrigerer Frequenz als die des Drehstromnetzes beispielsweise mit 16⅔ Hz, die Aufteilung des Dreiphasentransformators, weil der Transformator für die niedrige Frequenz verhältnismäßig größer und teurer ist. Dagegen bei Speisung eines Hochfrequenzofens mit hoher Frequenz wählt man die Aufteilung des Einphasentransformators, weil dieser kleiner und billiger ist. Außerdem fließt dabei der Umschaltstrom beim höher frequenten Wechsel der Anoden nicht über den Dreiphasentransformator, sondern tritt als direkter Entladestrom des Wechselrichterkondensators über die Anoden auf, wodurch Überschneidung der Anodenströme und der dadurch verursachte Spannungsabfall vermieden wird. Eine weitere Möglichkeit, den doppelten Brennspannungsabfall im Gleichstromzwischenkreis zu vermeiden, besteht in den Schaltungen nach Bild 40. Hier sind an Stelle der Aufteilung eines der Transformatoren die Anoden in Gruppen

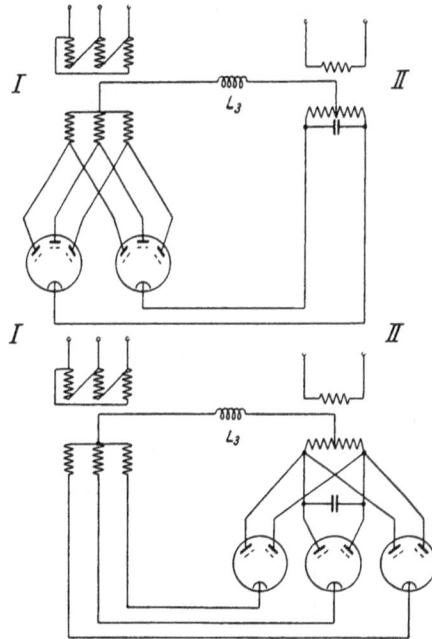

Bild 40. Umbildung der Schaltung nach Bild 39 oben durch Aufteilung der Gefäße.

aufgeteilt. Dadurch ist man gezwungen, zwei oder drei voneinander unabhängige Gefäße zu verwenden. Daher kommen diese Schaltungen praktisch nur für kleine Leistungen in Frage.

Alle diese Schaltungen lassen sich auf die mit ausgeprägtem Gleichstromzwischenkreis nach Bild 39 oben zurückführen, sie unterscheiden sich, abgesehen von den Umschaltvorgängen, nur hinsichtlich der Aufteilung der in der Grundschaltung auftretenden Ströme auf die verschiedenen Anoden bzw. Transformatorzweige. Das soll für die Schaltungen nach Bild 39 unten gezeigt werden.

Bild 41 zeigt die Spannungs- und Stromverhältnisse der Grundschaltung für den Fall der Bahnstromversorgung mit 16⅔ Hz, d. h. mit einer niederen Frequenz, wenn die Frequenz des treibenden Drehstromnetzes 50 Hz ist. Wir sehen oben die sekundären Spannungen des Gleichrichtertransformators, der nach Bild 39 links oben dreiphasig angenommen ist. Es ist $\alpha = 15^0$ Zündverzögerung vorausgesetzt und der Umschaltvorgang der Anodenströme vernachlässigt. Somit entsteht die stark hervorgehobene Gleichrichterspannung mit dem strichpunktierten Mittelwert. Unten sind die erzeugte Wechselspannung bzw. die Phasenspannungen des Wechselrichtertransformators gezeichnet. Die innere Phasenverschiebung, entsprechend der Zündverfrühung γ des netzerregten Wechselrichters, ist zu $\gamma = \varphi = 30^0$ gewählt. Da die mittlere Spannung auf der Gleichstromseite, die strichpunktiert eingezeichnet ist, gleich der oben gezeichneten mittleren Gleichspannung des Gleichrichters sein muß, wenn wir den Gleichspannungsabfall im Gleichstromkreis insbesondere am ohmschen Widerstand der Drossel vernachlässigen, ergibt sich zwischen der effektiven erzeugten Wechselrichterspannung u_{2eII} und der effektiven Spannung des Gleichrichtertransformators u_{2eI} die Beziehung:

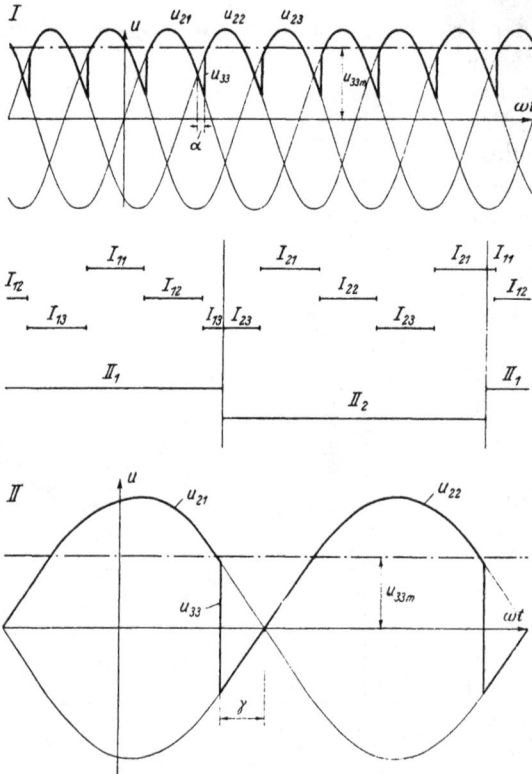

Bild 41. Spannungsverhältnisse und Brenndauerschema der Anoden bei Umrichtung von 50 Hz auf 16²/ Hz mit der Schaltung nach Bild 39 Mitte.

$$\sqrt{2}\,(u_{2e})_I \frac{P}{\pi} \sin \frac{\pi}{P} \cdot \cos \alpha = \left[\sqrt{2}\,(u_{2e})_{II} \cdot \frac{2}{\pi} \sin \frac{\pi}{2} \right] \cdot \cos (\varphi)_1 \quad . \quad . \quad (77)$$

mit $P = 3$, $\cos \varkappa = 0{,}97$ und $\cos (\varphi)_1 = 0{,}87$ wird für das gewählte Beispiel

$$(u_{2e})_{II} = 1{,}45\,(u_{2e})_I \quad . \quad . \quad . \quad . \quad . \quad . \quad . \quad (78)$$

In Bild 41 ist nun in der Mitte das Brenndauerschema der Anoden gezeichnet, das zunächst für die Schaltung mit ausgeprägtem Gleichstromzwischenkreis nach Bild 39 oben gilt. Wir sehen die drei aufeinanderfolgenden Anodenströme des Dreiphasengleichrichters angedeutet und darunter die beiden Anodenströme des Wechselrichters mit der entsprechend längeren Brenndauer.

Wenn nun die Dreiphasenwicklung aufgeteilt wird, wie in Bild 39 Mitte gezeigt, so heißt das für die Stromverteilung: Während der Stromführung des linken Wechselrichterzweiges II_1 ist der linke sekundäre Stern des Dreiphasentransformators mit den Anodenzweigen I_{11}, I_{12} und I_{13} in Betrieb und während der Stromführung des rechten Wechselrichterzweiges II_2 der rechte sekundäre Stern des Dreiphasentransformators mit den Anodenzweigen I_{21}, I_{22} und I_{23}. Im Brenndauerschema Bild 41 Mitte ist dieser letzte Bereich durch zwei senkrechte Linien eingegrenzt, und es sind die zugehörigen Anoden angeschrieben. Wir sehen beispielsweise, daß zu Beginn dieses Abschnittes der Strom von Anode I_{13} auf I_{23} übergeht. Anschließend tritt ein Wechsel der Anoden in der rechten Gruppe nach Bild 39 ein, und am Schlusse des Abschnittes geht der Strom auf die erste Gruppe über durch den Wechsel von Anode I_{21} und I_{11}.

Da nun das Frequenzverhältnis der erzeugten Wechselspannung Bild 41 unten zur Drehstromspannung oben nicht starr $\frac{1}{3}$ zu 1 sein braucht, sondern um diesen Wert schwanken kann — bei Fremdsteuerung z. B. in Abhängigkeit von der Frequenzgenauigkeit des Steuergenerators —, so verschiebt sich der durch die senkrechte Linie begrenzte Bereich gegenüber dem Brenndauerschema des Gleichrichters und der Gruppenwechsel kann auf beliebige Anoden fallen. Über längere Zeit betrachtet führt dann jede Anode und ebenso jede der Transformatorwicklungen nur in der Hälfte der Zeit Strom wie in der Schaltung nach Bild 39 oben. Dadurch erhöht sich die notwendige Typenleistung des Gleichrichtertransformators, indem der Anteil der Sekundärseite um den Faktor $\sqrt{2}$ steigt. Für den sekundär dreiphasigen Gleichrichtertransformator ergibt sich bei Dreiecksternschaltung für gewöhnlichen Betrieb eine Typenleistung von:

$$\frac{3\,i_{2e}\cdot u_{2e}+3\cdot i_{1e}\cdot u_{1e}}{2} = \frac{3\,\dfrac{i_{3m}}{\sqrt{3}}\cdot u_{2e}+3\cdot \dfrac{i_{3m}\cdot\sqrt{2}}{3}\cdot u_{2e}}{2}$$

$$\text{bzw.}\quad \frac{l_{\text{Trafo}}}{i_{3m}\cdot u_{33m}} = \frac{\dfrac{3}{\sqrt{3}}\cdot\dfrac{u_{2e}}{u_{33m}}+3\cdot\dfrac{\sqrt{2}}{3}\cdot\dfrac{u_{2e}}{u_{33m}}}{2} = 1{,}35$$

$$\text{mit}\ \frac{u_{2e}}{u_{3_3 m}} = 0{,}855 \ \ldots\ldots\ldots\ldots \quad (79)$$

Für die Umrichterschaltung nach Bild 39 Mitte erhöht sich die notwendige Typenleistung auf:

$$l_{\text{I Trafo}} = \frac{3\,i_{2e}\cdot u_{2e}\,\sqrt{2}+3\,i_{1e}\cdot u_{1e}}{2}$$

$$= \frac{\dfrac{3\,i_{3m}}{\sqrt{3}}\,u_{2e}\,\sqrt{2}+\dfrac{3\,i_{3m}\cdot\sqrt{2}}{3}\,u_{2e}}{2}$$

$$\text{bzw. } \frac{l_{\text{I Trafo}}}{i_{3m} \cdot u_{33m}} = \frac{\frac{3}{3} \, 0{,}855 \, \sqrt{2} + 3 \frac{\sqrt{2}}{3} 0{,}855}{2} = 1{,}65 \quad . \; . \; (80)$$

Da die Durchgangsleistung des Gleichstromzwischenkreises auch die abgegebene Wirkleistung des Umrichters ist, abgesehen von den Eigenverlusten, so können wir für den letzten Verhältniswert auch schreiben:

$$\frac{l_{\text{I Trafo}}}{i_{3m} \cdot u_{33m}} = \frac{l_{\text{I Trafo}}}{l_{\text{II Wirk}}} = 1{,}65 \; \ldots \ldots \ldots \; (81)$$

Und wir kennen damit die notwendige Typenleistung des Gleichrichtertransformators bezogen auf die auf der Einphasenseite abgegebene Wirkleistung. Dabei ist der Gleichrichter voll ausgesteuert gedacht, $\cos \alpha = 1$, anderenfalls steigt die notwendige Typenleistung mit $\dfrac{1}{\cos \alpha}$, da die Spannungen entsprechend ansteigen.

Der Wechselrichtertransformator hat die Typenleistung eines Zweiphasengleichrichtertransformators vergrößert um den Faktor $\dfrac{1}{\cos \gamma}$, da ja hier immer eine Zündverfrühung notwendig ist. Das gilt für den Fall, daß Ausgleichskondensator und Siebkreise auf der Ausgangsseite des Wechselrichtertransformators liegen, abgesehen von der eigentlichen Wechselrichterkapazität. (Diese schaltet man auf die Gleichstromseite, um im Entladungsstromkreis bei der Umschaltung der Anodenzweige die Streuinduktivitäten des Wechselrichtertransformators auszuscheiden.) Es ergibt sich für die Typenleistung:

$$l_{\text{II Trafo}} = \frac{2\, i_{2e} \cdot u_{2e} + i_{1e} \cdot u_{2e}}{2} \cdot \frac{1}{\cos \gamma} = \frac{2 \dfrac{i_{3m}}{2} u_{2e} + i_{3m} \cdot u_{2e}}{2} \cdot \frac{1}{\cos \gamma}$$

bzw.

$$\frac{l_{\text{II Trafo}}}{i_{3m} \cdot u_{33m}} = \frac{\sqrt{2} \dfrac{u_{2e}}{u_{33m}} + \dfrac{u_{2e}}{u_{33m}}}{2} \cdot \frac{1}{\cos \gamma} = \frac{1{,}34}{\cos \gamma} \; \ldots \ldots \; (82)$$

Wenn $\gamma = 30^0$ angenommen wird, ergibt sich beispielsweise der Wert 1,55.

Wir betrachten nun an Hand von Bild 42 die Verhältnisse beim Umrichter für höhere Frequenzen. Wir sehen wieder oben die drei Sekundärspannungen des dreiphasigen Gleichrichtertransformators und stark ausgezogen die Gleichrichterspannung bei $\alpha = 15^0$. In diesem Falle ist der doppelte Zeitmaßstab gewählt wie in Bild 41. Unten sehen wir die erzeugten Phasenspannungen des Wechselrichters. Es ist aus Darstellungsgründen doppelte Frequenz dieser Spannungen angenommen. Tatsächlich hat man sich beispielsweise bei

Speisung von Induktionsöfen 10- bis 50fache Frequenz zu denken. Die Zündverfrühung ist wieder zu $\gamma = (\varphi)_1 = 30^0$ vorausgesetzt, so daß für die effektive Spannung Gl. (78) gilt. In Bild 42 Mitte sehen wir das Brenndauerschema, und zwar oben für den Gleichrichter und darunter für den Wechselrichter. Der Übergang auf die Eingefäßschaltung nach Bild 39 unten bedeutet im Brenndauerschema, daß die Anodenströme des Wechselrichters in drei Gruppen eingeteilt sind. Jede Gruppe entspricht einer der Sekundärwicklungen des Wechselrichtertransformators in Bild 39 rechts unten. Im Brenndauerschema sind die Anoden im Zusammenhang mit Bild 39 angegeben. Innerhalb jeder Gruppe tritt ein mehrfacher Wechsel der Anoden ein, bei höherer Frequenz sehr vielmal mehr als bei doppelter Frequenz nach Bild 42. Nach Bild 39 können wir bei hoher Frequenz die Verhältnisse so auffassen: Jede Gruppe des Wechselrichters arbeitet sozusagen als selbständiger

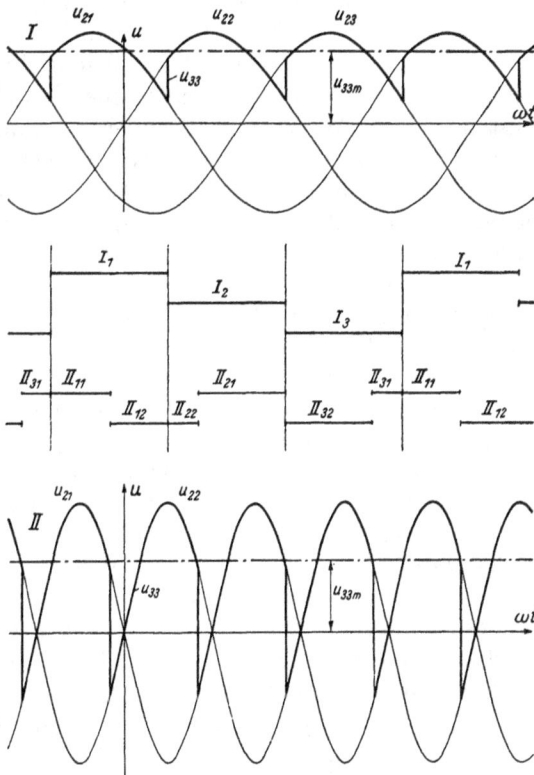

Bild 42. Spannungsverhältnisse und Brenndauerschema der Anoden bei Umrichtung von 50 Hz auf höhere Frequenz mit der Schaltung nach Bild 39 unten.

Wechselrichter während der Stromführungsdauer eines Sekundärzweiges des Gleichrichtertransformators, an deren Ende die folgende Gruppe einsetzt. Dadurch sind die sekundären Wicklungen des Wechselrichtertransformators nur $\frac{1}{3}$ der Zeit in Betrieb wie in der Schaltung nach Bild 39 oben, und der entsprechende Anteil an der Typenleistung geht um den Faktor $\sqrt{3}$ herauf. Somit ändert sich Gl. (82) in:

$$\frac{l_{\text{II Trafo}}}{i_{3m} \cdot u_{33m}} = \frac{\sqrt{3} \mid 2 \cdot \dfrac{u_{2c}}{u_{33m}} + \dfrac{u_{2e}}{u_{33m}}}{2} \cdot \frac{1}{\cos\gamma} = \frac{1,92}{\cos\gamma} \quad \ldots \quad (83)$$

Mit $\gamma = 30^0$ würde eine verhältnismäßige Typenleistung von 2,2 not-wendig sein.

b) Leistungsbeziehungen.

Hinsichtlich der Leistungsverhältnisse bei diesen Umrichterschaltungen gilt sinngemäß das für die Umrichter mit netzerregtem Wechselrichterteil früher Gesagte: Der Gleichrichterteil entnimmt dem speisenden Drehstromnetz je Phase eine Grundschwingungsscheinleistung, bestehend aus Wirk- und Blindleistungsanteil und eine Verzerrungsleistung. In Bezug auf den zeitlichen Verlauf besteht die Leistung je Phase aus einem konstanten Anteil, der mittleren Wirkleistung und einem Wechselanteil doppelter Frequenz, der vom Wirk- und Blindstrom herrührt, sowie der Verzerrungsleistung, die durch das Produkt des Verzerrungsstromes mit der Phasenspannung gebildet wird. Die Leistungen der einzelnen Phasen werden im Transformator weiter aufgeteilt und auf der Gleichstromseite in der an den Gleichstromzwischenkreis abgegebenen Leistung wieder zusammengefaßt. Dabei bleibt nur die Summe der konstanten Anteile und zum Teil die Verzerrungsleistung übrig. Die drei Wechselleistungen doppelter Frequenz heben sich auf. An den Kathodenzweig wird bei sehr großer Kathodendrossel, $L_3 \rightarrow \infty$, eine zeitliche Leistung abgegeben, die beispielsweise durch das Produkt der Gleichrichterspannung in Bild 41 oben mit dem Gleichstrom gebildet wird, $(l_3)_\mathrm{I} \approx u_{\mathrm{I}\,33} \cdot i_{3\,m}$, also dem Verlauf der Gleichrichterspannung proportional ist. Auf der anderen Seite des Gleichstromzwischenkreises wird entsprechend eine Leistung entnommen, die durch das Produkt von Gleichstrom und der in Bild 41 unten gezeichneten Wechselrichterspannung gebildet ist: $u_{\mathrm{II}\,33} \cdot i_{3\,m}$.

Beide Leistungen bestehen aus einem Gleichanteil und Wechselanteil. Die Gleichanteile sind gleich: $u_{\mathrm{I}\,33\,m} \cdot i_{3\,m} = u_{\mathrm{II}\,33\,m} \cdot i_{3\,m}$ und stellen die Durchgangsleistung dar. Die Wechselanteile sind hinsichtlich ihrer Frequenz verschieden und werden von der Drossel im Gleichstromzwischenkreis aufgenommen. Deren magnetische Energie schwankt entsprechend der Differenz der beiderseitigen Wechselanteile. Bei großer Kathodendrossel sind die Wechselanteile proportional den überlagerten Wechselspannungen, d. h. gleich $(u_{\mathrm{I}\,33} - u_{\mathrm{I}\,33\,m})\, i_{3\,m}$ bzw. $(u_{\mathrm{II}\,33} - u_{\mathrm{II}\,33\,m})\, i_{3m}$, so daß die magnetische Energie der Drossel proportional der Differenz der überlagerten Wechselspannungen schwankt. Die magnetische Energie der Drossel ist gegeben mit $\frac{1}{2} L_3 \cdot i_3{}^2$, dabei setzt sich i_3 aus dem Gleichstromanteil und einem kleinen überlagerten Wechselanteil zusammen: $i_3 = i_{3\,m} + (i_3 - i_{3\,m})$. Somit wird die magnetische Energie:

$$\frac{1}{2} L_3\, i_3^2 = \frac{1}{2} L_3 \left[i_{3\,m}^2 + 2\, i_{3\,m}\, (i_3 - i_{3\,m}) + (i_3 - i_{3\,m})^2 \right] \quad \ldots \quad (84)$$

Das erste Glied in der Klammer entspricht der konstanten magnetischen Energie infolge der Gleichstrommagnetisierung der Drossel. Die beiden anderen Glieder entsprechen der überlagerten Wechselmagnetisierung, dabei ist das dritte Glied gegen das zweite zu vernachlässigen, wenn $(i_3 - i_{3m}) \ll i_{3m}$ ist. Wenn wir die Ableitung dieses Gliedes nach der Zeit bilden, erhalten wir die Wechselleistung, die die Drossel aufnimmt:

$$l_{\text{Drossel}} \approx \frac{1}{2} L_3 (2\,i_{3m}) \frac{d\,(i_3 - i_{3m})}{dt}$$

$$\approx i_{3m} \cdot L_3 \frac{d\,(i_3 - i_{3m})}{dt} \qquad \ldots \ldots \ldots \quad (85)$$

Hierin ist der zweite Faktor die Wechselspannung, die an der Drossel liegt, die gleich der Differenz der überlagerten Wechselspannungen auf der Gleichrichter- und Wechselrichterseite ist. Wir kommen somit auf diesem Wege zu dem Ergebnis, daß die Wechselleistung der Drossel dieser Differenz proportional ist.

Bei Bestimmung der Typenleistung der Drossel geht man von dem notwendigen induktiven Widerstand aus, um den überlagerten Wechselstrom niedrig gegenüber i_{3m} zu halten. Dann ist die Typenleistung kleiner als die Transformatortypenleistung einer Drossel, die einen Wechselstrom mit dem Höchstwert i_{3m} führt, für die gilt:

$$\frac{1}{2}\,i_{3m} \cdot \frac{i_{3m}}{\sqrt{2}} \cdot \omega L_3 = \frac{1}{2\sqrt{2}} \cdot i_{3m}^2\, \omega L_3 \qquad \ldots \ldots \ldots \quad (86)$$

Wird auf der Gleichrichterseite eine vielphasige Schaltung angenommen, so fällt auf dieser Seite der Wechselanteil der Leistung fort und die Drossel hat nur den Wechselanteil der Leistung auf der Wechselrichterseite aufzunehmen. Dadurch steht die Drossel in ständigem Energieaustausch mit der notwendigen Wechselrichterkapazität und wirkt als Puffer für die Leistungsschwankungen auf der Einphasenseite. So ist es verständlich, daß bei gleichmäßiger Energiezulieferung auf der Gleichrichterseite wechselnde Energieabgabe auf der Wechselrichterseite möglich ist.

Wenn die Wechselrichterkapazität und gegebenenfalls die zusätzlichen Schwingkreise und die Ausgleichskapazität mit dem Verbraucher zusammengefaßt werden, so wird diesem sozusagen ein rechteckiger Wechselstrom i aufgezwungen, der aus Grundschwingung $(i)_1$ und Verzerrungsanteil $i - (i)_1$ besteht. Diese Aufteilung zeigt Bild 43 unten. Der Verzerrungsstrom wird von der Kapazität und den Schwingkreisen geschluckt. Die Kapazitäten parallel zum eigentlichen Verbraucher bewirken außerdem, daß die erzeugte sinusförmige Spannung dem aufgezwungenen Grundschwingungsstrom nacheilt. Bild 43 veranschaulicht die Stromverhältnisse für die Grundschwingung im Vektordiagramm. Ausgehend von der erzeugten Spannung u_0 möge der Verbraucherstrom $(i_0)_1$, entsprechend einem cos $\varphi_0 = 0{,}71$ um 45^0 nacheilen. Der aufgezwungene Strom i soll um 30^0 voreilen, daher ist ein Kapazitätsstrom $(i_4)_1$ notwendig, der den induktiven Anteil von $(i_0)_1$ zu kompensieren hat und außerdem den kapazitiven Anteil des Stromes $(i)_1$ enthält. (Wenn keine Kapazität vorhanden wäre, sondern ein Netz gespeist würde, müßte dieses den Strom $(i_4)_1$ als induktiven Blindstrom liefern, zum Teil an den Verbraucher, zum Teil an den Wechselrichter.)

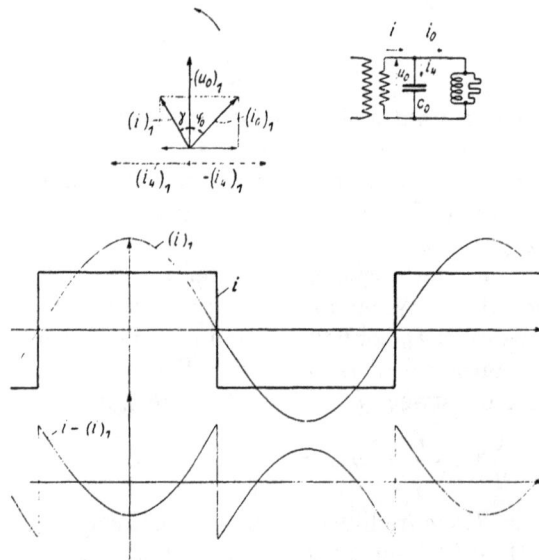

Bild 43. Aufteilung der Ströme auf der Einphasenseite eines selbsterregten Umrichters mit Gleichstromzwischenkreis.

Der ohmsche Anteil des Verbraucherstromes $(i_0)_1$ muß vom ohmschen Anteil des aufgezwungenen Stromes $(i)_1$ gedeckt werden. Es ist an Hand des Vektordiagramms leicht zu übersehen, wie sich der kapazitive Strom ändern muß, wenn sich $(i_0)_1$ nach Größe und Phasenlage ändert und zugleich γ konstant bleiben soll, damit $(u_0)_1$ konstant bleibt bei konstanter Spannung auf der Gleichstromseite des Wechselrichters. Das erfordert eine Regelung der Kapazität C_0, eine grundsätzliche betriebliche Schwierigkeit des selbsterregten Wechselrichters.

Aus Übersichtsgründen wurde wieder die Dreiphasenschaltung auf der Drehstromseite gewählt. Es lassen sich natürlich auch für den selbsterregten Umrichter jede der bekannten mehrphasigen Schaltungen benutzen, und alle Überlegungen dieses Abschnittes sind sinngemäß darauf zu übertragen [9, 18].

II. Umrichterschaltungen.

A. Der unmittelbare Umrichter.

1. Der Hüllkurvenumrichter (starrer Umrichter).

a) Umrichter mit trapezförmiger Ausgangsspannung.

Die Umrichter mit Gleichstromzwischenkreis sind eine Verbindung von Gleichrichter- und Wechselrichterschaltung über eine gemeinsame Kathodendrosselspule. Die Strom- und Spannungsverhältnisse des Gleichrichter- oder Wechselrichterteiles stimmen mit denen gesonderter Gleich- oder Wechselrichterschaltungen überein, sofern die gemeinsame Drossel einen reinen Gleichstrom im Zwischenkreis erzwingt. Die Höhe des Gleichstroms richtet sich bei konstanter Gleichspannung am Gleichstromzwischenkreis nach der Wirkleistung im gespeisten Teil. Ein solcher Umrichter kann, wie wir gesehen haben, den Blindstrom des gespeisten Netzes nicht liefern, sondern entnimmt dem gespeisten Netz und dem speisenden Netz einen induktiven Strom. Die Größe dieser Ströme hängt vom Gleichstrom ab, ebenso wie von der Einstellung der Steuerung. Die Drossel wirkt als Energiespeicher, um den wechselnden Unterschied der Leistungen, die auf der Gleichrichterseite in den Gleichstromzwischenkreis geschickt und auf der Wechselrichterseite entnommen werden, auszugleichen.

Die Drossel trennt aber nicht nur in bezug auf die Energieschwankungen die Netze voneinander, sondern bewirkt auch, daß die Wechselspannungen beider Netze vollständig unabhängig voneinander sind. Wir sahen, daß insbesondere die Wechselspannung auf der Wechselrichterseite bzw. im gespeisten Netz in ihrem Verlauf bestimmt werden konnte durch eine eigene Blindleistungsmaschine oder die Generatoren des gespeisten Netzes oder schließlich durch Schwingungskreise. Es wird der Wechselrichterseite über die Drossel ein Gleichstrom aufgezwungen, der im Wechselrichter in geeigneter Weise umgeschaltet wird und der ebensogut von einem Gleichstromnetz wie von einem Gleichrichter geliefert sein kann. Die Spannungsbildung auf der Wechselrichterseite ist davon unberührt.

Es ist auf Grund dieser Eigenart des Umrichters mit Gleichstromzwischenkreis klar, daß sich andere Betriebsbedingungen ergeben werden, wenn man eine Umrichterschaltung ohne Ausgleichsdrosselspule aufbaut.

Wir kommen damit zum unmittelbaren Umrichter, der vorwiegend ent-
wickelt wurde zur Speisung elektrischer Bahnen beispielsweise mit
$16\frac{2}{3}$ Hz Einphasenstrom aus dem Drehstromnetz mit 50 Hz. Die Schaltung zeigt uns in der einfachsten Form Bild 44 unten. An einem sechsphasigen Transformator sind je zwei gegengeschaltete Stromrichter an

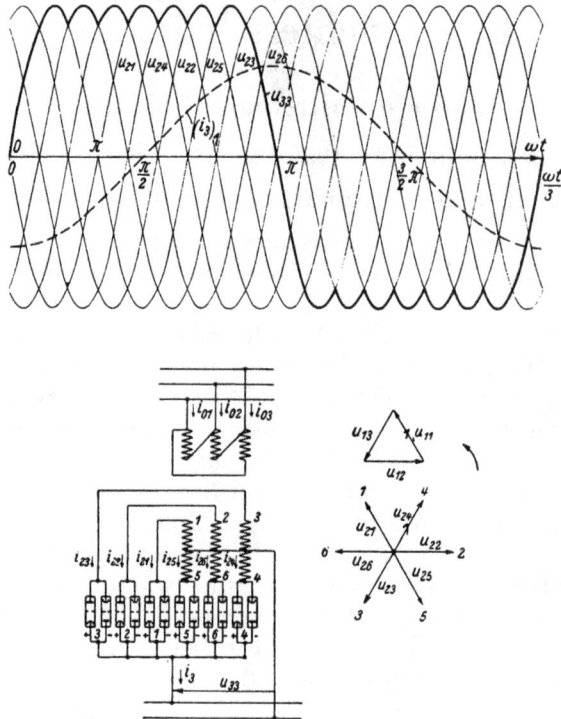

Bild 44. Hüllkurvenumrichter für trapezförmige Spannung; Schaltung und Spannungsbildung.

jede der Sekundärwicklungen angeschlossen. Das entspricht der Drei-
phasen-Gleichrichterwechselrichterschaltung nach Bild 12 und im Zusammenhang damit ist auch die Wirkungsweise zu verstehen. In Bild 44
oben sind die sechs Phasenspannungen angegeben. Nehmen wir einmal
an, wir hätten die Spannung am Ausgang der Schaltung (u_{33}) mit einem
rein ohmschen Widerstand belastet. Dann würden wir als Verlauf der
Spannung u_{33} die obere Begrenzungslinie der Spannung in Bild 44 erhalten, d. h. die Spannung eines ungesteuerten Sechsphasengleichrichters,
sofern wir den mit (+) bezeichneten Stromrichtern dauernd positive
Gitterspannung und den mit (—) bezeichneten negative Gitterspannung
geben würden. Umgekehrt würde sich die untere Begrenzungslinie der
Spannungen in Bild 44 als Verlauf von u_{33} ergeben, wenn nur die (—)-

Gefäße freigegeben würden. Das wäre die negative Spannung eines ungesteuerten Sechsphasengleichrichters für umgekehrte Stromrichtung. Bei ohmscher Belastung wäre der Strom der Spannung proportional. Man kann sich nun bei ohmscher Belastung leicht vorstellen, daß ein geeigneter periodischer Wechsel zwischen positiver und negativer Gitterspannung, und zwar für die (+)- und die (—)-Gefäßgruppe gegenläufig, zu einem periodischen Wechsel der Spannung u_{33} zwischen der oberen und unteren Begrenzungslinie in Bild 44 führt. Man erhält beispielsweise den in Bild 44 stark hervorgehobenen Verlauf der Spannung u_{33}, wenn die Frequenz der Änderung der Gitterspannung $\frac{1}{3}$ der Frequenz des Drehstromnetzes beträgt. Um Kurzschlüsse zwischen den Sekundärphasen zu vermeiden, darf allerdings jeder Stromrichter in Bild 44 unten nur so lange positive Gitterspannung erhalten, als die zugehörige Phasenspannung an der Bildung der stark gezeichneten Spannungskurve beteiligt ist. Somit kann die (+)- und die (—)-Gruppe nicht gemeinsam gesteuert werden, sondern jeder Stromrichter erhält seine gesonderte Steuerspannung. Das wird weiter unten näher gezeigt. Durch die Steuerung kann weiterhin erreicht werden, daß der Übergang von der positiven zur negativen Halbwelle wie in Bild 44 gezeigt einer Phasenspannung folgt.

Damit ist zunächst für ohmsche Belastung eine trapezförmige Spannungskurve mit $\frac{1}{3}$ der Frequenz des Drehstromnetzes gewonnen. Die weitere Behandlung der Schaltung geht nun in zwei Richtungen: Erstens wird man versuchen, an Stelle der Trapezkurve eine Kurvenform zu erreichen, die sich mehr der gewünschten Sinusspannung auf der Einphasenseite angleicht. Zweitens muß untersucht werden, welche Bedingungen induktive oder induktiv-ohmsche Belastung an eine solche Schaltung bzw. an die Steuerung der Stromrichter stellen. Grundsätzlich ist ja in der Schaltung nach Bild 44 Strom in jeder Richtung möglich, da an jede Wicklung Stromrichter mit entgegengesetzter Stromrichtung angeschlossen sind. Es zeigt sich aber, daß die Betriebsweise der Schaltung von der eines ungesteuerten Gleichrichters abweicht, sowie der Strom nicht mehr mit der Spannung gleichläuft.

b) Umrichter mit angenähert sinusförmiger Spannung.

Zunächst sei die Verbesserung der Kurvenform betrachtet. Zu diesem Zwecke stuft man die einzelnen sekundären Wicklungen des Sechsphasentransformators des Bildes 44 unten ab, und zwar so, daß die Spannungen sich wie folgt verhalten.

$$u_{21} : u_{22} : u_{23} : u_{24} : u_{25} : u_{26} =$$
$$= 1 : 0,729 : 0,729 : 0,931 : 0,33 : 0,931 \quad \ldots \ldots \quad (87)$$

Das zeigt das Vektordiagramm und die Schaltung in Bild 45. Weiter zeigt uns Bild 46, wie bei solcher Abstufung der sekundären Transformatorspannungen eine Einphasenspannungskurve entsteht, deren Umhüllende eine Sinuskurve ist. Dabei ist wieder zunächst ohmsche Belastung und damit reine Gleichrichterbetriebsweise vorausgesetzt.

Bild 46 läßt uns von vornherein erkennen, daß die Einphasenspannung sowohl in der Phasenlage als auch in der Frequenz in fester unveränderlicher Beziehung zu den sekundären Phasenspannungen und damit auch zu den Phasenspannungen des Drehstromnetzes steht.

Die Umhüllende der Einphasenspannung stellt nicht die Grundschwingung der Einphasenspannung dar, sondern diese ist etwas kleiner und hat den Effektivwert $u_{3e} = 0,937\,u_{2e}$. Außerdem enthält die Einphasenspannung folgende Oberschwingungen, wenn wir mit f die Frequenz des Drehstromnetzes bezeichnen [20]:

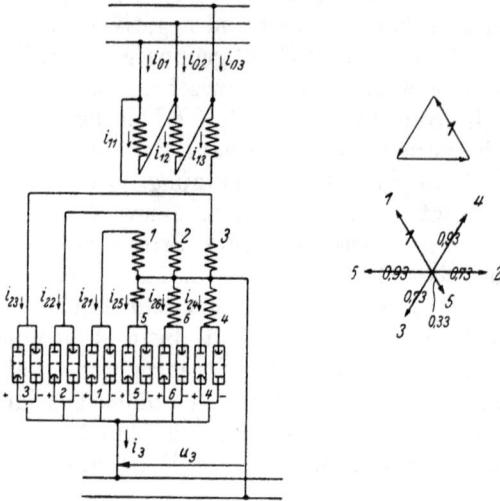

Bild 45. Hüllkurvenumrichter für sinusförmige Spannung; Schaltung und Spannungsdiagramm.

Frequenz	$\frac{1}{3}f$	$\frac{3}{3}f$	$\frac{5}{3}f$	$\frac{7}{3}f$	$\frac{9}{3}f$	$\frac{11}{3}f$	$\frac{13}{3}f$	$\frac{15}{3}f$	$\frac{17}{3}f$	$\frac{19}{3}f$
$(u_e)\,nf$	1	0,027	0,018	0,001	0,017	0,025	0,013	0,044	0,017	0,004
$(u_e)\,\frac{1}{3}f$										

$$\ldots\ldots\ldots\ldots\ldots\ldots\ldots\ldots\ldots\ldots\ldots \quad (88)$$

Diese einfache Form der Einphasenspannung, wobei sich die Phasenspannungen in ihrem Schnittpunkt ablösen, ist nur bei rein ohmscher Belastung möglich, und auch dabei werden die einzelnen Anodenströme sich nicht sprunghaft ablösen, und die Umschaltvorgänge werden Einschnitte in der Spannungskurve ergeben.

Wir werden nun sehen, daß beliebige Belastung auf der Einphasenseite besondere Bedingungen für die Steuerung der Gefäße stellt und dadurch die gebildete Einphasenspannung beeinflußt wird.

c) Steuerbedingungen.

Wenn wir uns in Bild 44 und 45 die Stromrichtergefäße für die gleiche Stromrichtung, die (+)- bzw. (—)-Gefäße, zusammengefaßt

denken, so zerfällt die Schaltung in zwei Teilschaltungen, von denen
die eine die positive Halbwelle des Einphasenstromes, die andere die
negative Halbwelle liefert. Wir wollen zunächst die Teilschaltung für
die positive Halbwelle des Stromes betrachten. Bei beliebiger Phasenlage des Einphasenstromes fällt die positive Halbwelle nicht mit der

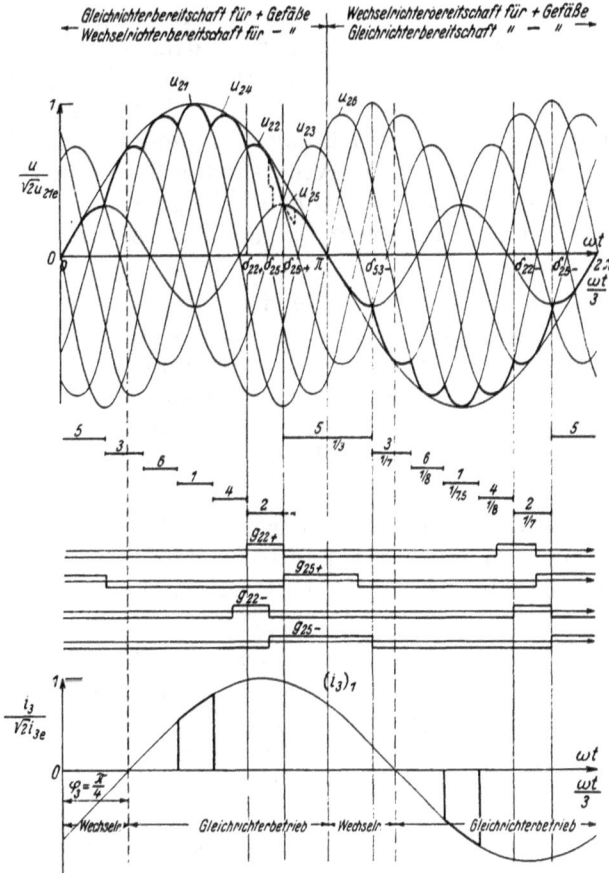

Bild 46. Bildung der Einphasenspannung des Hüllkurvenumrichters nach Bild 45 sowie Stromführungsschema. Gitterspannung der Anoden 2 und 5 und Strom auf der Einphasenseite bei 45°
Nacheilung.

positiven Halbwelle der Spannung zusammen, sondern kann eine beliebige Lage zur Spannung haben. Das bedeutet aber für die Teilschaltung mit den (+)-Gefäßen die Forderung, daß sich damit bei
vorgegebener Stromrichtung die ganze Einphasenspannung bilden
läßt. Welchen Teil der Einphasenspannung dann tatsächlich die Teilschaltung übernimmt, hängt von der tatsächlichen Lage des Einphasenstromes bzw. dessen positiver Halbwelle ab.

Man übersieht sofort, daß nunmehr die Betriebsweise der Schaltung innerhalb einer Halbwelle des Einphasenstromes von der eines ungesteuerten Gleichrichters abweichen muß. Nehmen wir beispielsweise an, der Strom hätte die in Bild 44 oben gestrichelt gezeichnete Lage. Es ist da nur die Grundschwingung mit 90° Nacheilung gezeichnet, indem angenommen wird, daß die Oberschwingungen im Strom durch Siebkreise und die Zunahme des induktiven Belastungswiderstandes mit der Frequenz unterdrückt werden. Nur in dem Teil, wo die positive Halbwelle des Stromes in die positive Halbwelle der Spannung fällt, liegt Gleichrichterbetriebsweise vor. In dem Zeitbereich dagegen, wo Stromrichtung und Spannungsrichtung entgegengesetzt sind, muß der Strom von den (+)-Gefäßen in Wechselrichterbetriebsweise übernommen werden. Das entspricht genau dem Übergang auf Wechselrichterbetrieb bei einer Gleichrichterschaltung, wie es an Hand von Bild 12 geschildert wurde.

Allgemein müssen im ganzen Bereich der positiven Halbwelle der Spannung die (+)-Gefäße in Gleichrichterbereitschaft stehen und im Bereich der negativen Halbwelle der Spannung in Wechselrichterbereitschaft. In welchem Zeitbereich sie dann tatsächlich zu Gleichrichteroder Wechselrichterbetriebsweise benutzt werden, hängt von der wirklichen Lage der positiven Halbwelle des Stromes gegenüber der Spannung ab.

Für die (—)-Gefäße fordern die gleichen Überlegungen Wechselrichterbereitschaft während der positiven Halbwelle der Einphasenspannung und Gleichrichterbereitschaft während der negativen Halbwelle.

Diese Überlegungen gelten ebenso auch für die Schaltung mit abgestuften Spannungen, und wir können für die weitere Betrachtung uns auf Bild 45 und 46 beziehen. In Bild 46 ist oben die Art der Bereitschaft der Stromrichtergefäße angeschrieben. Es ist ein Einphasenstrom mit 45° Nacheilung angenommen, was im Bahnbetrieb etwa die größte Nacheilung ist, und dementsprechend ist unten die tatsächliche Betriebsweise in den einzelnen Zeitabschnitten angegeben.

In den Zeitabschnitten, in denen die Gefäße in Gleichrichterbereitschaft stehen, werden sie als Gleichrichtergefäße gesteuert, d. h. die Gitterspannung wird positiv im Schnittpunkt der zugehörigen Phasenspannung mit der vorhergehenden und bleibt positiv bis zum Schnittpunkt mit der folgenden Phasenspannung.

In den Zeitabschnitten dagegen, in denen die Gefäße in Wechselrichterbereitschaft stehen, müssen sie als Wechselrichtergefäße gesteuert werden, d. h. die Zündung muß zur Einhaltung der notwendigen Entionisierungszeit für das vorhergehende Gefäß genügend vor dem Schnittpunkt der Phasenspannungen einsetzen bzw. die Gitterspannung positiv werden. Außerdem darf die Gitterspannung nicht bis zur Zündung des in Wechselrichterbetriebsweise folgenden Gefäßes positiv bleiben, sondern muß genügend vor dem folgenden Schnittpunkt der Phasenspannung ins Negative abfallen, um die eigene Entionisierung zu sichern.

Bild 46 zeigt entsprechend diesen Überlegungen in der Mitte schematisch den Verlauf der Gitterspannungen der (+)- und (—)-Gefäße der Paare 2 und 5 in Bild 45, die mit g_{22+} bzw. g_{22-} und g_{25+} bzw. g_{25-} bezeichnet sind. Verfolgen wir g_{22+} von links nach rechts: Zunächst verläuft die Spannung im Negativen, springt dann zu Beginn der Beteiligung von u_{22} an der Einphasenspannung ins Positive und bleibt über die Brenndauer positiv. Das Gefäß steht dabei in Gleichrichterbereitschaft. Anschließend ist die Gitterspannung wieder negativ und wird positiv 30^0 vor Beginn des Schnittpunktes der negativen Halbwelle von u_{22} mit der von u_{24} und bleibt bis 30^0 vor dem folgenden Schnittpunkt positiv, um dann im Negativen zu bleiben. In diesem Abschnitt steht das Gefäß in Wechselrichterbereitschaft. Der Bereich positiver Gitterspannung ist um 30^0 voreilend gegenüber dem Abschnitt, der der in Bild 46 gezeichneten ideellen Beteiligung der negativen Halbwelle von u_{22} entspricht. Die an dritter Stelle gezeichnete Gitterspannung des zur Wicklung 2 gehörenden (—)-Gefäßes zeigt einen entsprechenden Verlauf. Da hier im zugehörigen Zeitabschnitt der positiven Halbwelle Wechselrichterbereitschaft bestehen muß, ist die positive Gitterspannung um 30^0 voreilend, während sie in der negativen Spannungshalbwelle bei Gleichrichterbereitschaft mit dem ideellen Zeitabschnitt übereinstimmt.

Eine Besonderheit zeigen die an zweiter und vierter Stelle gezeichneten Gitterspannungen der 5. Gruppe. Die Spannung des (+)-Gefäßes an zweiter Stelle beginnt positiv zu werden entsprechend der anfänglichen Gleichrichterbereitschaft im Schnittpunkt der Spannungen bzw. zu Beginn des ideellen Zeitabschnittes, sie springt aber ins Negative 30^0 vor dem Ende dieses Abschnittes, weil das Gefäß in Wechselrichterbereitschaft übergeht infolge des inzwischen erfolgten Nulldurchganges der Spannung. Im Bereich negativer Spannung rechts beginnt das Gefäß mit Wechselrichterbereitschaft, daher liegt der Beginn positiver Gitterspannung 30^0 vor dem ideellen Zeitabschnitt, und die Gitterspannung wird erst mit dessen Ende wieder negativ, weil inzwischen Gleichrichterbereitschaft besteht. Die an vierter Stelle gezeichnete Gitterspannung g_{25-} zeigt einen entsprechenden Verlauf.

Von diesem Verlauf der Gitterspannungen hängt die Beeinflussung der Einphasenspannung ab, wobei noch der Umschaltvorgang berücksichtigt werden muß. In Bild 46 ist oben gestrichelt der Übergang von u_{22} auf u_{25} bei Gleichrichter- und bei Wechselrichterbetrieb gezeichnet, wie er sich im Verlauf der Einphasenspannung zeigt. Bei Gleichrichterbetrieb und Zündung im Schnittpunkt der Phasenspannungen verläuft die Gleichrichterspannung während der Übergangszeit in der Mitte zwischen den sich ablösenden Phasenspannungen und springt dann am Ende des Umschaltvorganges auf die neue Phasenspannung. Gleichrichterbetrieb zu diesem Zeitpunkt entspricht beispielsweise dem unten gezeichneten Belastungsstrom bzw. dessen Phasenlage. Bei Wechselrichterbetrieb müßte der Strom zu diesem Zeitpunkt negativ sein und die Zündung 30° vorher einsetzen. Die Wechselrichterspannung verläuft wieder kurzzeitig auf der Mitte zwischen den ablösenden Spannungen, und zwar über kürzere Zeit, da die Spannungsdifferenz der ablösenden Spannungen zu dieser Zeit größer ist und daher der Umschaltvorgang rascher verläuft als bei Gleichrichterbetrieb. Auf diese Weise ergeben sich an den Übergangsstellen von einer Phasenspannung zur folgenden gegenüber dem ideellen Verlauf der Einphasenspannung nach Bild 46 oben Einschnitte, die je nach Größe und Phasenlage des Einphasenstromes verschieden sind und wechseln. Diese erhöhen den Oberschwingungsgehalt der erzeugten Einphasenspannung in wechselnder Weise.

Voreilung der Steuerspannung der in Wechselrichterbereitschaft stehenden Gefäße führt zu inneren Kurzschlußströmen, die nur durch gegenseitige Ausschließung der Zündung der (+)- und (—)-Gefäße verhindert werden können. Wenn nach Bild 46 im Zeitpunkt δ_{25+} bei der gewählten Phasenlage des Einphasenstromes der Strom übergeht vom 2. (+)-Gefäß auf das 5. (+)-Gefäß, so kann das 5. (—)-Gefäß bereits im Zeitpunkt δ_{25-} entsprechend der Voreilung der Gitterspannung g_{25-} zur Zündung gekommen sein. Das bedeutet aber die Einschaltung eines unerwünschten Kurzschlußstromes, der nach Bild 45 von der Wicklung 2 über das 2. (+)-Gefäß zum 5. (—)-Gefäß und Wicklung 5 fließt und den über 2 (+) bereits fließenden Strom weiter erhöht und für die folgende Umschaltung von 2 (+) auf 5 (+) schädlich ist. Dieser Kurzschlußstrom steigt nämlich bis zum Schnittpunkt von u_{22} mit u_{25} im Zeitpunkt δ_{25+} an und verhindert die Zündung des zu 5 (—) parallelen Gefäßes 5 (+), das erst zünden kann, wenn der Kurzschlußstrom wieder abgeklungen ist. Das tritt genau um den Vorcilwinkel der Gitterspannung später ein. Der Kurzschlußstrom bedeutet daher eine zusätzliche Belastung des Transformators und eine unerwünschte Verzögerung in der Ablösung der (+)-Gefäße. Um die Ausbildung eines solchen Kurzschlußstromes zu verhindern, muß man eine gegenseitige Verriegelung der Steuerung der (+)- und (—)-Gefäße vorsehen in dem Sinne, daß während der positiven Halbwelle des Einphasenstromes die (—)-Gefäße gesperrt sind und während der negativen Halbwelle die (+)-Gefäße. Diese Verriegelung muß vom Einphasenstrom betätigt werden und wirkt nicht mehr bei einphasigem Leerlauf bzw. kleinen Strömen und in der Nähe des Nulldurchganges des Einphasenstromes.

In den praktischen Schaltungen, die nach Bild 47 links und rechts mit mehranodigen Gefäßen aufgebaut werden, kann der Ausgleichskurzschlußstrom in einfacher Weise durch die gezeichnete Drosselspule begrenzt werden.

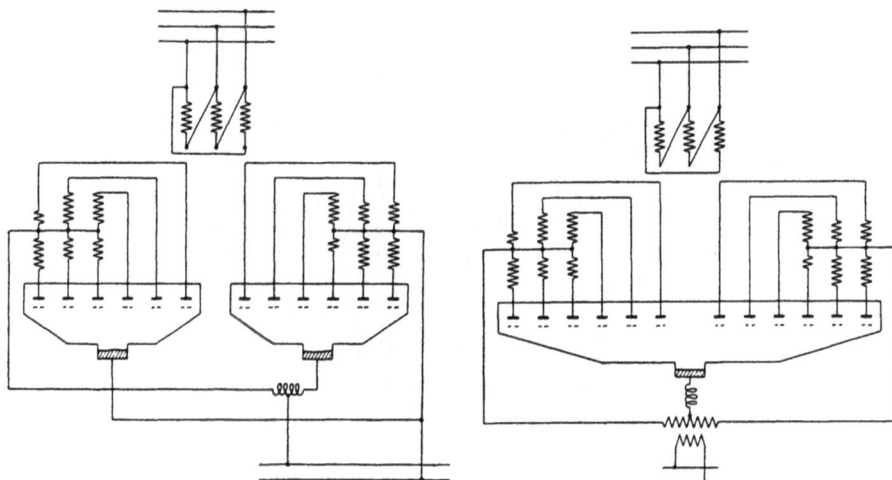

Bild 47. Umbildung der Grundschaltung des Hüllkurvenumrichters nach Bild 45.

Beide Schaltungen arbeiten genau so, wie die Grundschaltung, nur daß jetzt der (+)-Strom und der (—)-Strom, d. h. jede Halbwelle des Einphasenstromes von gesonderten Sekundärwicklungen des Transformators geliefert wird.

Die Schaltung nach Bild 47 links mit zwei getrennten mehranodigen Gefäßen entspricht vollkommen der Gleichrichter-Wechselrichterschaltung nach Bild 11. Bei Behandlung dieser Schaltung haben wir gesehen, daß ohne gegenseitige Verriegelung der beiden Gefäße (entsprechend den Gefäßgruppen in Bild 45), d. h. bei gleichzeitiger Einschaltung der Steuerungen, gleichzeitig das eine Gefäß in Gleichrichterbetrieb und das andere Gefäß in Wechselrichterbereitschaft steht oder umgekehrt; dann mußte aber zur Vermeidung von Ausgleichsströmen die Gleichrichteraussteuerung an die Wechselrichteraussteuerung angeglichen werden. Da bei Wechselrichterbetrieb eine minimale Zündverfrühung γ_{min} eingehalten werden muß, so ergab sich auch im Gleichrichterbetrieb eine mindest notwendige Zündverzögerung: α_{min}.

Das gleiche gilt nun auch für den Umrichterbetrieb in der Schaltung nach Bild 47 links. Das soll uns Bild 48 näher veranschaulichen. Hier sind die von beiden Umrichterhälften möglicherweise zu liefernden Einphasenspannungen aufgezeichnet unter der Voraussetzung, daß $\alpha_{min} = \gamma_{min}$ ist. Oben ist die mögliche Umrichterspannung über das linke Gefäß, das der (+)-Gefäßgruppe entspricht, und unten die mögliche Umrichterspannung über das rechte Gefäß, das der (—)-Gefäßgruppe entspricht. Wir sehen, daß die Zündverzögerung bei Gleichrichterbereitschaft beispielsweise im Zeitabschnitt $0 \div \pi$ für das (+)-Gefäß, entsprechend der positiven Halbwelle links oben, der notwendigen Zündverfrühung bei Wechselrichterbereitschaft, entsprechend der positiven

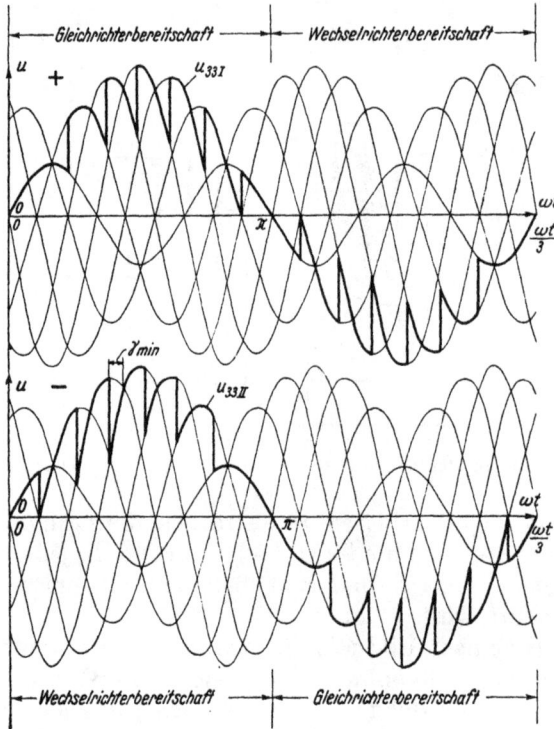

Bild 48. Teil-Einphasenspannungen des Hüllkurvenumrichters nach Bild 45 für gleiche Aussteuerung bei Gleichrichter- und Wechselrichterbereitschaft.

Halbwelle links unten angeglichen ist. Für die negative Halbwelle gilt das gleiche. Dadurch ist eine Zusammenschaltung der beiden Umrichterhälften möglich, ohne daß sich ein lückenloser Ausgleichsstrom ausbilden kann.

Wir können die Betriebsweise der Schaltung dann so auffassen, daß während der positiven Halbwelle des Einphasenstromes, in der das (+)-Gefäß hauptstromführend ist, die Spannung durch den Verlauf nach Bild 48 oben gegeben ist und die andere Umrichterhälfte mitläuft, so daß sich am Transformator durch den lückenhaften Ausgleichsstrom teilweise ein Spannungsverlauf zwischen den Kurven, Bild 48 oben und unten, einstellen wird. Während der negativen Halbwelle des Einphasenstromes ist das (—)-Gefäß hauptstromführend und daher der Spannungsverlauf nach Bild 48 unten maßgebend. Der Ausgleichsstrom wird aber wieder teilweise einen mittleren Spannungsverlauf bewirken.

In Bild 46 ist der Einfluß der Umschaltvorgänge außer acht gelassen, der den jeweilig maßgebenden Spannungsverlauf bei Gleichrichterbetrieb absenkt und bei Wechselrichterbetrieb erhöht. Dadurch werden die Zacken der Spannungskurve gemildert und zugleich der Ausgleichsstrom abgeschwächt, wie wir schon bei Behandlung der Gleichrichter-Wechselrichterschaltung gesehen haben.

Die Drosselspule wird durch beide Halbwellen des Einphasenstromes in gleichem Sinne magnetisiert, es kommt aber bei jeweilig halber Windungszahl nur der vierte Teil des induktiven Widerstandes zur Geltung. Gegenüber den inneren Kurzschlußströmen aber wirkt die Drossel mit voller Windungszahl und damit voller Induktivität begrenzend.

Wir gehen nunmehr zur Betrachtung der Stromverhältnisse des Hüllkurvenumrichters über.

d) Sekundäre und primäre Transformatorströme.

Abgesehen vom Umschaltvorgang sind die Ströme der sekundären Wicklungen gegeben durch einen Ausschnitt aus dem Einphasenstrom von der Breite des Zeitabschnittes, an dem die entsprechende Phasenspannung an der Einphasenspannung beteiligt ist. In Bild 46 ist der für die Wicklung 1 maßgebende Ausschnitt aus dem Einphasenstrom hervorgehoben, und Bild 49 zeigt oben die Ströme in allen sechs Wicklungen bei der für Bild 46 angenommenen Phasenlage des Stromes auf der Einphasenseite. Bei anderer Phasenlage des Einphasenstromes ergeben sich andere Ausschnitte als Wicklungsströme, d. h. die Ströme ändern sich mit φ_3.

Das gleiche gilt auch für die primären Wicklungsströme, die aus den sekundären Strömen unter Beachtung des jeweiligen Übersetzungsverhältnisses gewonnen werden. So gehören zu den sekundären Strömen des Bildes 49 oben die primären Ströme des Bildes 49 unten. Nach Bild 45 ist als Übersetzungsverhältnis für die größte der sekundären Spannungen zur primären Wicklungsspannung 1 : 1 angenommen. Dann besteht der primäre Strom i_{11} in Bild 49 aus dem Strom i_{21} in voller Höhe und einem Drittel des Stromes — i_{25}, da nach Bild 45 die Windungszahl der Wicklung 5 ein Drittel der von 1 ist und der Strom i_{25} umgekehrt gerichtet ist. Ebenso ergibt sich:

$$i_{12} = 0{,}73 \, i_{22} - 0{,}93 \, i_{26}$$
$$\text{und } i_{13} = 0{,}73 \, i_{23} - 0{,}93 \, i_{24} \quad \ldots \ldots \quad (89)$$

Diese Ströme sind in Bild 49 ebenfalls wiedergegeben.

7*

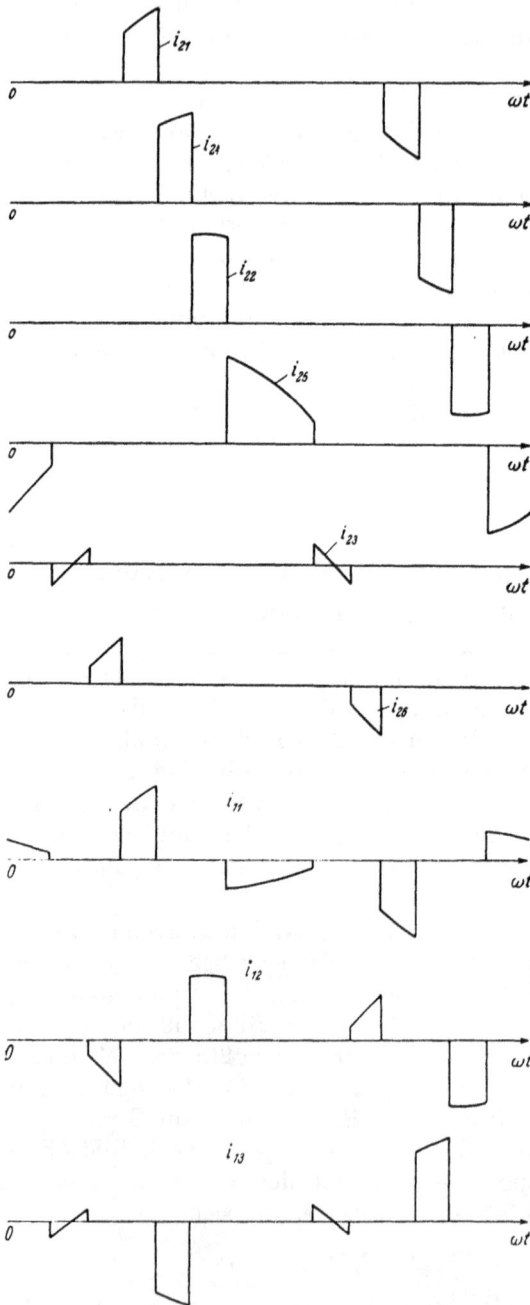

Bild 49. Sekundäre und primäre Wicklungsströme des Hüllkurvenumrichters nach Bild 45 bei 45° Nacheilung des
Stromes auf der Einphasenseite.

Aus diesen Wicklungs-
strömen ergeben sich bei
primärer Dreiecksschal-
tung die Netzströme als
Differenz zweier aufein-
anderfolgender Ströme.

Die Betrachtung der
so entstehenden Strom-
kurve läßt verwickelte Belastungsverhältnisse des
Drehstromnetzes erwar-
ten. Die Zerlegung der
Ströme in Einzelschwin-
gungen zeigt: 1. die netz-
frequenzgleiche Schwin-
gung, die in Wirk- und
Blindanteil zerlegt wer-
den kann; 2. die netz-
frequenzfremden Schwin-
gungen, die aus einer
Schwingung mit $\frac{1}{3}$ der
Netzfrequenz bzw. der
Frequenz des Einphasen-
netzes bestehen und aus
Oberschwingungen, deren
Frequenzen ein ungerad-
zahliges Vielfaches von
$\frac{1}{3}$ der Netzfrequenz sind.
Anders ausgedrückt be-
stehen die Ströme aus
einer Grundschwingung
von $\frac{1}{3}$ Netzfrequenz und
aus Oberschwingungen,
deren Frequenzen eine
ungeradzahlige Vielfache
davon sind.

Nur der netzfre-
quenzgleiche Stromanteil
kommt für die vom Dreh-
stromnetz dem Umrichter
zugeführte Wirk- und
Feldblindleistung in Be-
tracht. Auf der Ein-
phasenseite wird vom Um-

richter eine Leistung abgegeben, deren zeitlicher Verlauf durch einen konstanten Anteil, die mittlere Wirkleistung, $l_{3\,\text{Wirk}}$, und einen sinusförmigen überlagerten Anteil doppelter Frequenz dargestellt wird; dabei sind Oberschwingungen in Spannung und Strom auf der Einphasenseite als vernachlässigbar vorausgesetzt. Da der Umrichter keinen Energiespeicher enthält, so findet sich dieser Leistungsverlauf wieder im Verlauf der gesamten dem Drehstromnetz in den einzelnen Phasen entnommenen Augenblicksleistungen.

e) Blindleistung.

Es läßt sich rechnerisch nachweisen [21], daß die Blindleistung der Grundschwingung, die Feldblindleistung auf der Drehstromseite, beim Hüllkurvenumrichter $\frac{1}{3}$ der Feldblindleistung auf der Einphasenseite ist, wenn das Frequenzverhältnis 3 : 1 ist und die Umschaltvorgänge vernachlässigt werden. Zur Veranschaulichung, daß die drehstromseitige Feldblindleistung von der einphasenseitigen Feldblindleistung abhängt und immer kleiner als diese ist, diene uns hier Bild 50. Die Feldblindleistung ist, sinusförmige Netzspannung vorausgesetzt, die Summe der Scheinleistungen des Blindstromanteiles der Grundschwingung in den Netzströmen. Diese Summe ist aber auch gleich der entsprechenden Summe auf der Sekundärseite des Umrichtertransformators.

$$\sum_1^3 (i_{0\,ne})_1 \cdot \sin \varphi_{0n} \cdot u_{0e} = \sum_1^6 (i_{2\,ne})_1 \cdot \sin \varphi_{2n} \cdot u_{2ne} \quad \ldots \quad (90)$$

Um nun zu einer graphischen Konstruktion der Summe der sekundären Blindleistung zu kommen, machen wir von folgender Tatsache Gebrauch:

Bei sinusförmiger Spannung u und nichtsinusförmigem Strom i läßt sich die Feldblindleistung auch bestimmen als die mittlere Leistung, die der Strom mit einer um 90° nacheilenden Spannung gleicher Größe bildet. Eine mittlere Leistung kann mit dieser Spannung nur der Anteil der Grundschwingung des Stromes bilden, der mit ihr in Phase ist. Das ist aber die Blindkomponente des Stromes, so daß man auf diese Weise auch den Wert der Feldblindleistung erhält.

Um dies auf die Sekundärseite des Umrichtertransformators anzuwenden, müssen wir zu jeder Sekundärspannung die um 90° nacheilende Spannung aufzeichnen. Das ist in Bild 50 oben im Zusammenhang mit Bild 46 oben geschehen. Es interessieren uns für die Berechnung insbesondere die Ausschnitte dieser Spannungen, in denen die zugehörigen Wicklungen stromführend sind. Diese sind in Bild 50 oben stark hervorgehoben. Es entsteht sozusagen an Stelle der ursprünglichen Umrichterspannung u_3 in Bild 46 eine neue gedachte Spannung $u_3{}'$. Die einzelnen Spannungsausschnitte müssen nun mit dem Umrichterstrom i_3 im gleichen Zeitabschnitt multipliziert werden und dann erhält man den Verlauf der gesuchten Leistung. D. h. aber auch einfach, der Strom i_3 muß mit der Spannung u_3' multipliziert werden.

Wir denken uns nun den Strom $(i_3)_1$ zerlegt in seinen Wirk- und Blindanteil, die entsprechend der Phasennacheilung von 45° in Bild 46

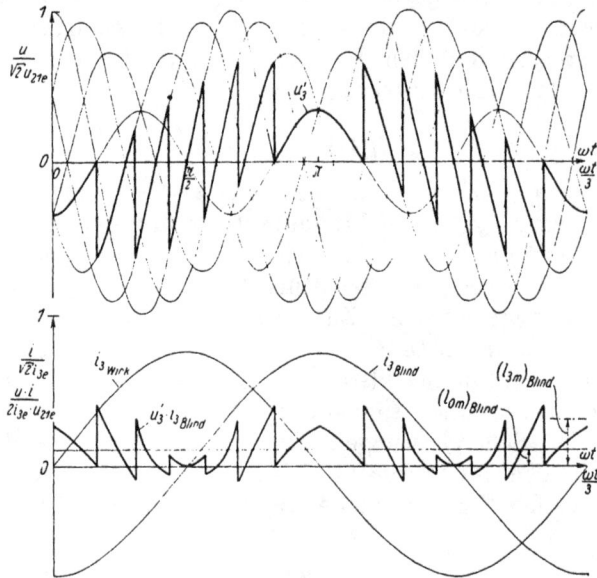

Bild 50. Zur Bestimmung der Blindleistung des Hüllkurvenumrichters auf der Netzseite.

gleich groß und in Bild 50 unten eingezeichnet sind. Weil nun die Spannung u_3' zwischen 0 und π spiegelbildlich zur Ordinate $\omega t = \frac{\pi}{2}$ unter Umkehrung des Vorzeichens verläuft, während der Wirkanteil des Stromes $(i_3)_1$ sein Vorzeichen beibehält, so bildet dieser keine mittlere Leistung mit u_3', da sich die Leistungen im Bereich 0 bis $\frac{\pi}{2}$ und $\frac{\pi}{2}$ bis π gegenseitig aufheben. Nur die Blindkomponente von $(i_3)_1$, $(i_3)_{\text{Blind}}$ bildet mit u_3' eine mittlere Leistung. In Bild 50 ist unten das Produkt $u_3' \cdot (i_3)_{\text{Blind}}$ und dessen Mittelwert eingezeichnet. Dieser gibt ein Maß für die gesuchte Feldblindleistung $(l_{0m})_{\text{Blind}}$ auf der Netzseite. Im Vergleich dazu ist rechts die Feldblindleistung $(l_{3m})_{\text{Blind}}$ auf der Einphasenseite strichpunktiert angegeben. Diese ergibt sich als Mittelwert des Produktes des Stromes $i_{3\text{Blind}}$ mit einer Spannung, die u_3 um 90° nacheilt und deren Größe hat. Diese Spannung ist nach Bild 46 oben wesentlich größer als die Spannung u_3' in Bild 50, die für die Feldblindleistung auf der Netzseite maßgebend ist. Wir können die Feldblindleistung auf der Einphasenseite unmittelbar rechnerisch angeben, so daß es sich erübrigt, den zeitlichen Verlauf des Produktes aufzuzeichnen. Es ergibt sich mit $\varphi_3 = 45^0$:

$$(l_{3\,m})_{\text{Blind}} = (u_{3\,e})_1 \, (i_{3\,e})_1 \cdot \sin \varphi_3 = 0{,}937 \cdot u_{21\,e} \cdot i_{3\,e} \cdot \sin 45^0$$

$$\text{bzw.} \quad \frac{(l_{3\,m})_{\text{Blind}}}{2\,i_{3\,e} \cdot u_{21\,e}} = \frac{0{,}937 \cdot \sin 45^0}{2} = \frac{0{,}937 \cdot 0{,}707}{2} = 0{,}33 \qquad . \tag{91}$$

Dieser Wert ist in Bild 50 rechts unten eingetragen. Wir sehen, daß diese Blindleistung genau das Dreifache derjenigen auf der Netzseite beträgt. Eine Erhöhung der Blindleistung auf der Netzseite tritt allerdings ein, wenn wir den Umschaltvorgang der Anodenströme und die notwendige Zündverfrühung bei Wechselrichterbetrieb berücksichtigen. Doch sei hierauf nicht näher eingegangen.

Zusammenfassend ist zu sagen: Beim Hüllkurvenumrichter entsteht auf der Drehstromseite Blindleistung nur infolge von Blindleistung auf der Einphasenseite, und zwar der Größe nach im umgekehrten Verhältnis der Frequenzen. Das gilt nur ohne Berücksichtigung der Umschaltvorgänge der Anoden, die die Blindleistung auf der Netzseite erhöhen.

Der Hüllkurvenumrichter mit rein ohmscher Belastung auf der Einphasenseite entspricht sozusagen einem ungesteuerten oder voll ausgesteuerten Gleichrichter, der auch nur Blindleistung infolge des Umschaltvorganges verursacht. Wir werden später sehen, daß beim Steuerumrichter selbst bei rein ohmscher Einphasenbelastung Feldblindleistung entsteht, weil er einem gesteuerten Gleichrichter mit Zündverzögerung entspricht.

f) Betriebskennlinien.

An die graphische Darstellung der Strom- und Leistungsverhältnisse läßt sich die rechnerische Behandlung der Schaltung anschließen. Es seien nur die Ergebnisse in den Bildern 51 bis 54 wiedergegeben [20].

Die ersten beiden Bilder geben die effektiven Stromstärken in allen Teilen der Schaltung abhängig vom Verschiebungsfaktor $\cos \varphi_3$ auf der Einphasenseite wieder. Wir sehen, daß insbesondere die sekundären Ströme großen Änderungen unterworfen sind. Das entspricht der Änderung des Ausschnittes aus dem Einphasenstrom i_3, den uns Bild 46 unten für $\varphi_3 = 45^0$ bzw. $\cos \varphi_3 = 0{,}71$ und die erste Anode zeigt, bei Änderung der Phasenlage von i_3. Das nächste Bild 53 gibt uns ein Bild über die Aufteilung der netzseitigen Ströme in Wirk-, Blind- und Verzerrungsanteil. Wir sehen daraus, daß diese letzteren fast unabhängig von $\cos \varphi_3$ sind. Schließlich zeigt Bild 54 die Typenleistung des Umrichtertransformators, Verschiebungsfaktor $\cos \varphi_0$, Leistungsfaktor λ und Verzerrungsfaktor v auf der Drehstromseite in Abhängigkeit von $\cos \varphi_3$. Die Typenleistung ist bezogen auf die Einphasenscheinleistung. Sie ist berechnet aus den Stromwerten nach Bild 51

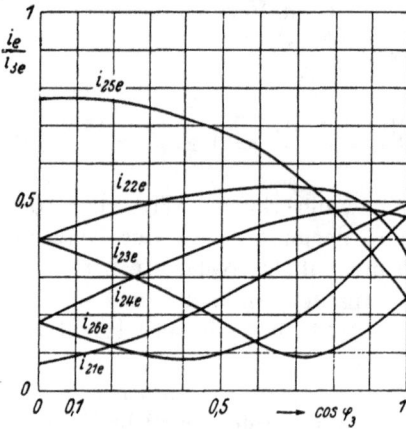

Bild 51. Sekundäre Wicklungsströme des Hüll-kurvenumrichters nach Bild 45 abhängig vom Verschiebungsfaktor, cos φ_3, auf der Einphasen-seite.

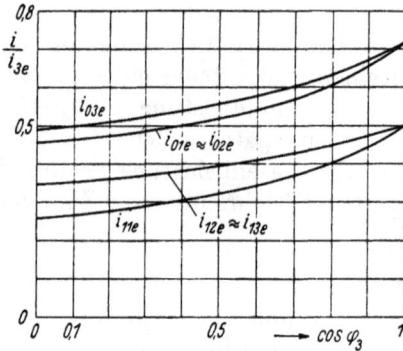

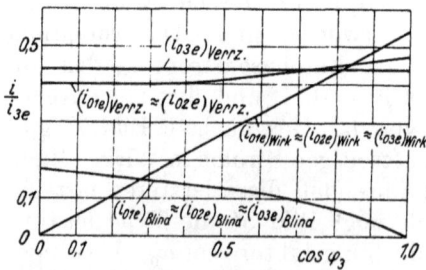

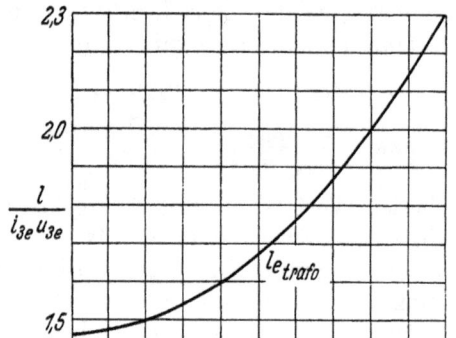

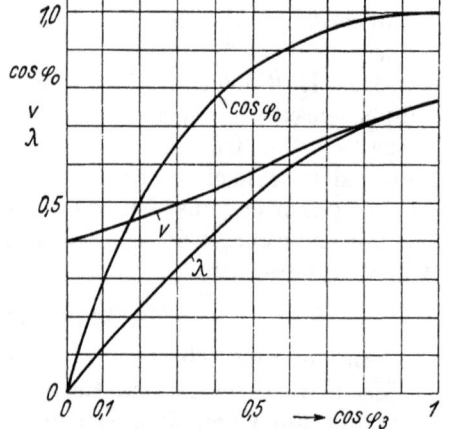

Bild 52. Primäre Wicklungsströme und netz-seitige Ströme des Hüllkurvenumrichters nach Bild 45 abhängig vom Verschiebungsfaktor, cos φ_3, auf der Einphasenseite.

Bild 53. Aufteilung der netzseitigen Ströme des Hüllkurvenumrichters nach Bild 45 in Wirk-, Blind- und Verzerrungsanteil abhängig vom Verschiebungsfaktor, cos φ_3, auf der Einphasen-seite.

Bild 54. Typenleistung des Umrichtertransfor-mators nach Bild 47, drehstromnetzseitiger Ver-schiebungsfaktor cos φ_0, Leistungsfaktor λ und Verzerrungsfaktor v abhängig vom Verschie-bungsfaktor cos φ_3 auf der Einphasenseite.

und 52, bezieht sich aber auf die praktisch wichtigeren Schaltungen nach Bild 47, deren Wirkungsweise mit der nach Bild 45 übereinstimmt. Diese Schaltungen bieten den Vor-teil, zwei bzw. ein mehranodiges Ge-fäß verwenden zu können. Das zwingt aber zur Aufteilung der se-kundären Wicklungen des Trans-formators in zwei Teile gleicher

Spannung wie vorher. Der eine Teil führt die positive, der andere die negative Halbwelle des ursprünglichen Stromes. Der Effektivwert der Teilströme ist $1/\sqrt{2}$ der ursprünglichen nach Bild 51, und die sekundäre Scheinleistung des Transformators nimmt entsprechend dem Faktor $\sqrt{2}$ zu. Wenn man beachtet, daß nach Bild 51 die Ströme der einzelnen Wicklungen bei verschiedenen $\cos \varphi_3$-Werten ihre höchsten Werte erreichen und entsprechend diesen Werten die sekundären Wicklungen bemißt, so steigt die verhältnismäßige Typenleistung auf 2,7 an.

Zu der Schaltung nach Bild 47 rechts, die nur ein mehranodiges Gefäß enthält, ist außerdem ein Transformator auf der Einphasenseite notwendig, dessen Typenleistung etwa das 1,2fache der Einphasenscheinleistung beträgt.

Wir haben bisher den Strom auf der Einphasenseite als sinusförmig angenommen. Das ist praktisch für einen induktiv-ohmschen Verbraucher, der im Ersatzschaltbild eine Reihenschaltung von Induktivität und ohmschen Widerstand ist, wie ihn ein Bahnnetz darstellt, gerechtfertigt, da die Induktivität trotz der Oberschwingungen in der Einphasenspannung keine nennenswerten Oberschwingungen in Strom zuläßt. Anders ist es auf der Drehstromseite. Hier treten Oberschwingungen bzw. eine Unterschwingung auf, die mit der Wirkungsweise des Umrichters notwendig verbunden sind. Diese führen zu zusätzlichen Verlusten in den Netzanschlußleitungen und im speisenden Drehstromgenerator, deren Bedeutung im Einzelfalle untersucht werden muß. Maßgebend dafür ist, welchen Anteil die Umrichterleistung an der Gesamtleistung des speisenden Netzes hat, wie auf S. 150ff. gezeigt wird.

Im Anschluß an die hier betrachtete Grundschaltung des starren Umrichters lassen sich weitere Schaltungen angeben [19, 23], bei denen die Einphasenkurve in anderer Weise aufgebaut wird, aber immer in starrer unveränderlicher Lage zum speisenden Drehstromnetz steht. Ein solcher Umrichter ist nur geeignet zur Speisung eines Netzes, das unabhängig von anderen Speisestellen ist. Um im Bahnnetz die einzelnen Teile beliebig zusammenschalten zu können, die von unabhängigen Erzeugungsanlagen ihre Energie beziehen, muß der Umrichter »gleitend« betrieben werden können, d. h. die Lage der Einphasenspannung soll durch die Steuerung gegenüber den Spannungen des Drehstromnetzes hinsichtlich Frequenz und Phasenlage beliebig festgelegt werden können. Diese Möglichkeit bietet der im folgenden Abschnitt behandelte Steuerumrichter.

2. Der Steuerumrichter (gleitender Umrichter).

a) Entstehung der Spannungskurve.

Beim Hüllkurvenumrichter folgt die Einphasenspannung den Teilabschnitten abgestufter sekundärer Transformatorspannungen; wie uns Bild 45 zeigte, werden dabei die natürlich sich ergebenden Abschnitte benutzt, die abgesehen von den Umschaltvorgängen durch die Schnittpunkte aufeinanderfolgender Phasenspannungen begrenzt sind. Es besteht nun demgegenüber grundsätzlich die Möglichkeit, bei nicht abgestuften Transformatorspannungen durch Wahl der Zündverzögerung aus den aufeinanderfolgenden Spannungen die Ausschnitte so zu wählen, daß der mittlere Spannungsverlauf die gewünschte Einphasenspannung ergibt und daß durch Veränderung der Zündverzögerung die Phasenlage und Frequenz der Einphasenspannung regelbar wird. Die Betrachtung kann an die Schaltung des gesteuerten Gleichrichters bzw. Wechselrichters anknüpfen. Der linke Teil der Schaltung Bild 55 stellt einen gesteuerten Sechsphasengleichrichter dar. Bei voller Aussteuerung erhalten wir, lückenlosen Kathodenstrom vorausgesetzt, die in Bild 56 oben stark ausgezogene Stromrichter(Gleichrichter)-Spannung. Bei gleichbleibender Richtung des Kathodenstromes kann — wie wir wissen — durch steigende Zündverzögerung die mittlere Stromrichterspannung auf Null heruntergeregelt werden und bei Übergang zu Wechselrichterbetrieb zu einem negativen Endwert

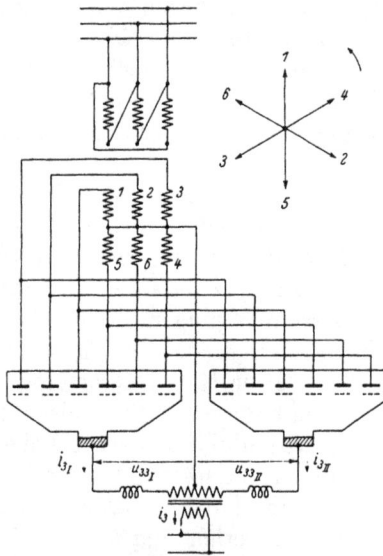

Bild 55. Grundschaltung des Steuerumrichters.

kommen. Dieser entspricht der zulässigen Mindestzündverfrühung im Wechselrichterbetrieb. Das ist in Bild 56 gezeigt. Man kann sich nun vorstellen, daß die dort gezeigte stufenweise Änderung der Zündverzögerung stetig erfolgt nach einem vorgeschriebenen zeitlichen Gesetz, so daß sich auch die mittlere Stromrichterspannung stetig ändert. Für die mittlere Stromrichterspannung gilt allgemein:

$$u_{33\,m} = (u_{33\,m\,L.})_{a=0} \cdot \cos \alpha \quad \ldots \ldots \ldots \quad (92)$$

dabei kann α theoretisch zwischen 0 und 180° und praktisch zwischen 0 und etwa 150° geändert werden, wenn die kleinste Wechselrichterzündverfrühung γ_{min} etwa 30° betragen soll. Die mittlere Stromrichterspannung ändert sich dabei von ihrem positiven Höchstwert $(u_{33\,m\,L})_{a=0}$ zu dem negativen Höchstwert $(u_{33\,m\,L.})_{a=0} \cdot \cos 150^\circ$.

Damit negativer und positiver Höchstwert übereinstimmen, begrenzen wir den Zündwinkel auf den Mindestwert $\alpha = 30^\circ$, dann kann die Stromrichterspannung zwischen $+ (u_{33\,m\,L})_{a=0} \cos 30^\circ = (u_{33\,m\,L})_{a=0} \cdot 0{,}87$ bis $(u_{33\,m\,L})_{a=0} \cdot \cos 150^\circ = - (u_{33\,m\,L})_{a=0} \cdot 0{,}87$ geregelt werden.

Will man nun einen bestimmten zeitlichen Verlauf der Stromrichter-spannung erreichen, so muß der Zündwinkel gemäß der Beziehung ge-ändert werden:

$$u_{33\,m} = (u_{33\,m\,L})_{\alpha = 0} \cdot \cos x = [(u_{33\,m\,L})_{\alpha = 0} \cdot \cos \alpha_{\mathrm{max}}] \cdot f(t) \quad . \quad . \ (93)$$

Dabei kann die Zeitfunk-tion $f(t)$ beliebig, muß aber kleiner als 1 sein; ist sie z. B. proportional t, so erhält man eine gleich-mäßig mit der Zeit an-steigende Spannung bis zum Höchstwert, beispiels-weise beim Anfahren eines Gleichstrommotors oder Hochfahren eines Netzes. Die Zeitfunktion kann aber auch einen Sinus-verlauf haben, $f(t) = \cos \dfrac{\omega t}{n}$, wobei mit $\dfrac{\omega t}{n}$ eine Kreisfrequenz gemeint ist, die klein ist gegen-über der Netzfrequenz, denn unsere Überlegun-gen gelten zunächst nur für relativ langsame Än-derungen der Zeitfunk-tion aus folgendem Grund: Die Gl. (92) für die mitt-lere Stromrichterspan-nung setzt voraus, daß der Abstand der Zündun-gen aufeinanderfolgender

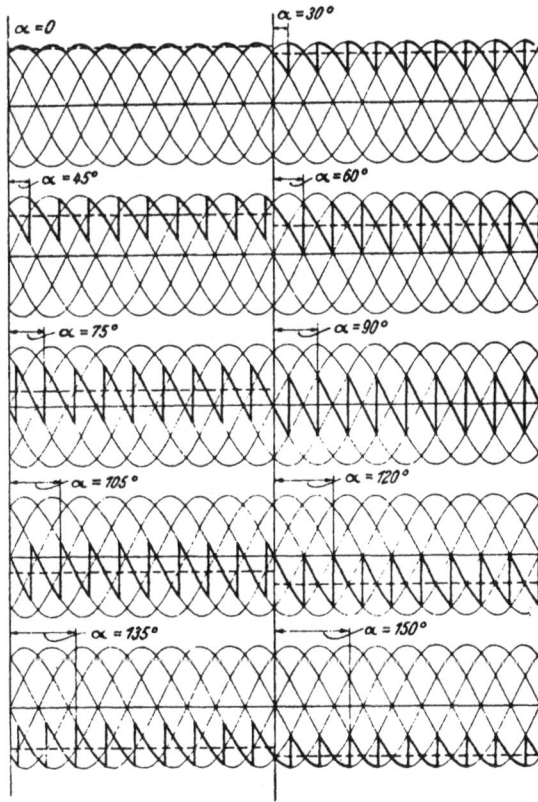

Bild 56. Stromrichterspannung einer sechsphasigen Gleich-richter-Wechselrichterschaltung bei steigender Zündverzö-gerung (vgl. Bild 6).

Anoden $\dfrac{2\pi}{P}$ ist, wobei P die sekundäre Phasenzahl bzw. die Breite des Ausschnittes aus jeder Phasenspannung $\dfrac{2\pi}{P}$ ist. Das ist aber nur bei lang-samer Änderung der Zündwinkel annähernd der Fall. Nehmen wir an, die Gitterspannungen würden von einem Drehtransformator geliefert und die Zündung der Anoden erfolge beim Nulldurchgang der zugehörigen sinusförmigen Gitterspannung. Dann würde sich durch eine stetige Drehbewegung des Rotors des Drehtransformators eine Änderung des Zündwinkels für aufeinanderfolgende Phasenspannungen erreichen lassen. Diese Änderung ist aber sprunghaft, denn vom Nulldurchgang der einen Gitterspannung bis zum Nulldurchgang der folgenden ist eine bestimmte Zeit verstrichen, in der der Rotor eine bestimmte Winkeldrehung $\varDelta \alpha$ ausgeführt hat, um die der Zündwinkel geändert ist. Dann ist aber die eine Phasenspannung über die Zeit $\frac{2\pi}{P} + \varDelta \alpha$ an Stelle von $\frac{2\pi}{P}$ an der Bildung der Stromrichterspannung beteiligt, und wir können von der mittleren Spannung nach Gl. (92) nur für kleine Werte von $\varDelta \alpha$ sprechen, d. h. bei langsamem Ablauf der Zeitfunktion. Wenn wir trotzdem an der Steuergleichung (93) auch bei relativ schnellem Ablauf der Zeitfunktion festhalten, so können wir nicht mehr von einer Änderung der mittleren Stromrichterspannung gemäß der Zeitfunktion sprechen, wohl aber ergibt sich, daß bei sinusförmiger Zeitfunktion die Grundschwingung der entstehenden veränderlichen Stromrichterspannung auch der Zeitfunktion proportional verläuft. Für den uns besonders interessierenden Fall der Bahnstromversorgung mit $\frac{1}{3}$ Netzfrequenz heißt dann die Gleichung für den Steuerwinkel:

$$(u_{33\,m\,L})_{\alpha=0} \cdot \cos \alpha = [(u_{33\,m\,L})_{\alpha=0} \cos \alpha_{\mathrm{max}}] \cdot \cos \left(\frac{\omega t}{3} + \frac{\psi}{3}\right) \quad . \quad . \ (94)$$

Der Winkel α läßt sich graphisch bestimmen, wie Bild 57 zeigt. Wir sehen oben die sekundären Spannungen des Transformators des Bildes 55 und darunter den Verlauf von $(u_{33\,m\,L})_{\alpha=0} \cdot (\cos \alpha)_{\mathrm{max}} \cdot \cos \left(\frac{\omega t}{3} + \frac{\psi}{3}\right)$, wobei

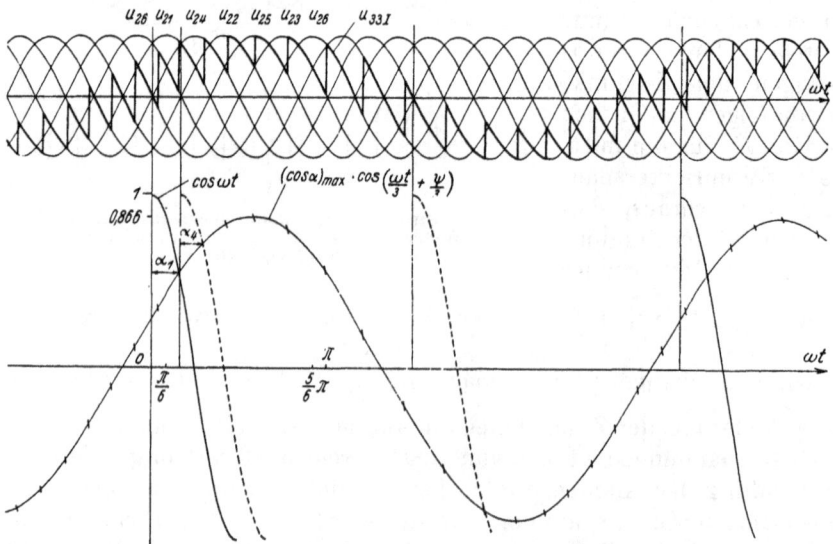

Bild 57. Konstruktion der Umrichterspannung bei Stromführung des linken Gefäßes in Bild 55 und $(\cos \alpha)_{\mathrm{max}} = 0,87$.

$(u_{33\,m\,L})_{u=0} = 1$ gesetzt ist. Dieser Verlauf kann eine durch ψ bestimmte Lage zu den Transformatorspannungen haben. Will man nun den Zündwinkel α_1, der zur Spannung u_{21} gehört, finden, so muß in Bild 57 in die Kurve $(\cos\alpha)_{\text{max}} \cdot \cos\left(\dfrac{\omega t}{3} + \dfrac{\psi}{3}\right)$ eine $\cos\omega t$-Kurve so gelegt werden, daß ihr positiver Höchstwert mit dem Schnittpunkt von u_{21} und u_{26} zeitlich zusammenfällt. Der Schnittpunkt der $\cos\omega t$-Kurve mit $(\cos\alpha)_{\text{max}} \cdot \cos\left(\dfrac{\omega t}{3} + \dfrac{\psi}{3}\right)$ bestimmt dann den Zündwinkel gemäß Gl. (94). In dem zugehörigen Zeitpunkt geht die Stromrichterspannung $u_{33\,\mathrm{I}}$ in Bild 55 von der Spannung u_{26} auf u_{21} über. Um nun die zu den anderen Spannungen gehörenden Zündwinkel zu finden, denken wir uns $\cos\omega t$ jeweils um den Phasenwinkel $\dfrac{2\pi}{P}$ verschoben. So gehört z. B. die zweite gestrichelt gezeichnete Lage zu der folgenden Phasenspannung u_{24}. Der Schnittpunkt mit $(\cos\alpha)_{\text{max}} \cdot \cos\left(\dfrac{\omega t}{3} + \dfrac{\psi}{3}\right)$ legt den Zündwinkel α_4 fest und gibt den Zeitpunkt an, an dem die Stromrichterspannung von u_{22} auf u_{24} übergeht, wie oben gezeichnet ist. So entstehen durch weitere Verschiebung von $\cos\omega t$ die in Bild 57 auf $(\cos\alpha)_{\text{max}} \cdot \cos\left(\dfrac{\omega t}{3} + \dfrac{\psi}{3}\right)$ angedeuteten Schnittpunkte und die dadurch festgelegten Zeitpunkte für den Wechsel der Phasenspannungen. Diese Schnittpunkte sind allgemein durch die Lösung der Gleichung gegeben:

$$\cos\left(\omega t - \frac{2\pi}{P}\,n\right) = \cos\alpha_{\text{max}} \cdot \cos\left(\frac{\omega t}{3} + \frac{\psi}{3}\right) \quad \ldots \ldots (95)$$

worin $n = 1, 2, \ldots 18$ die Zahl der jeweiligen Verschiebungen von $\cos\alpha$ um $\dfrac{2\pi}{P}$ bedeutet. In Bild 57 oben sehen wir den entstehenden Verlauf der Stromrichterspannung, deren Grundschwingung sozusagen ein Abbild der Zeitfunktion $\cos\left(\dfrac{\omega t}{3} + \dfrac{\psi}{3}\right)$ ist, d. h. mit ihr in der Phasenlage übereinstimmt und deren Höchstwert $(\cos\alpha)_{\text{max}}$ proportional ist.

Die so beschriebene Konstruktion, die zur Bestimmung der einzelnen Zündverzögerungswinkel führt, läßt sich in einfacher Weise auf die Gittersteuerung übertragen. Das ist für die Anode 1 in Bild 58 schematisch angedeutet. Wir sehen dort links die Umrichterschaltung des Bildes 55, wobei das rechte Stromrichtergefäß fortgelassen ist. Das Gitter der Anode 1 ist über einen Schutzwiderstand, einen Transformator T_1 und eine negative Vorspannung mit der Kathode verbunden. Solange der Transformator spannungslos ist, verhindert die negative Vorspannung die Zündung von Anode 1. Am Transformator werden zu·den nach Bild 57 bestimmten Zündzeitpunkten positive steile Spannungsstöße erzeugt, die die negative Vorspannung überwiegen und zur Zündung führen. Das geschieht durch Zündung des Hilfsrohres H. Im Gitterkreis dieses Rohres liegt über dem Transformator T_3 eine Spannung, die genau die Phasenlage von $\cos \omega t$ in Bild 57 links hat, aber mit negativem Vorzeichen. Aus Bild 57 ist zu entnehmen, daß diese Spannung der Phasenspannung u_{21} um 30^0 voreilt; das trifft auch nach dem Vektordiagramm in Bild 55 für $u_{21} - u_{22}$ zu, an welche Spannung der Transformator angeschlossen ist, so daß auf der Gitterseite eine Spannung erscheint, die $(u_{22} - u_{21})$ bzw. $\cos \omega t$ proportional ist. In Reihe mit dieser Spannung liegt im Gitterkreis noch über den Spannungsteiler S und Phasenschiebertransformator T_2 eine $16\frac{2}{3}$-Hz-Einphasenspannung, von der wir zunächst annehmen, daß sie der $16\frac{2}{3}$-Hz-Netzspannung phasengleich ist und zur Spannung an T_3 das Größenverhältnis $(\cos \alpha)_{\max} : 1$ hat, wenn S und T_2 sich in Nullstellung befinden. Diese Spannung entspricht $(\cos \alpha)_{\max} \cdot \cos \left(\dfrac{\omega t}{3} + \dfrac{\psi}{3} \right)$ in Bild 57.

Im Gitterkreis des Rohres H ist also die Differenz einer 50-Hz-Spannung mit einer $16\frac{2}{3}$-Hz-Spannung wirksam. (Auf die Bedeutung der Gleichspannung u_m, die zunächst fortgedacht sein soll, wird unten eingegangen.) Wenn wir nun annehmen, daß die Zündkennlinie des Rohres H nahezu bei der Gitterspannung Null liegt, so wird H beim Nulldurchgang zu Beginn der positiven Halbwelle der Gitterspannung zünden. Das führt also zur Zündung beim Schnittpunkt der 50-Hz-Spannung mit der $16\frac{2}{3}$-Spannung und damit zu Zündzeitpunkten bzw. Zündverzögerungswinkeln, wie sie die Konstruktion in Bild 57 ergibt.

Wenn wir in Bild 57 die Differenz von $(\cos \alpha)_{\max} \cdot \cos \left(\dfrac{\omega t}{3} + \dfrac{\psi}{3} \right)$ mit $\cos \omega t$ verfolgen, so sehen wir, daß diese links vom Schnittpunkt negativ und rechts davon positiv ist, also vom Negativen kommend ins Positive geht. Die treibende Spannung im Anodenkreis des Hilfsrohres ist der Differenz der zugehörigen aufeinanderfolgenden Phasenspannungen proportional, d. h. in dem ausgewählten Fall $u_{21} - u_{26}$ und somit positiv über den ganzen möglichen Bereich der Zündung von Anode 1 bzw. Beteiligung der Spannung u_{21} an der Stromrichterspannungsbildung nach Bild 57 von $\alpha = 30$ bis $\alpha = 150^0$, so daß in diesem Bereich eine Zündung von H auch möglich ist.

Man könnte darandenken, die im Gitterkreis von H wirksamen Spannungen direkt in den Gitterkreis der Hauptanode zu legen. Da die Zündkennlinie des Hauptgefäßes schwankend und deshalb zur genauen Steuerung der Gitter hohe negative Sperrspannung und hohe positive Zündspannung erforderlich ist, würde das zu ungenauer Erfüllung der Zündbedingungen nach Bild 57 führen. Daher verwendet man ein gleichmäßig belastetes Hilfsrohr mit sehr genauer unveränderlicher Zündkennlinie und erreicht so die exakte Erfüllung der Zündbedingungen. Der in Bild 58 für die Anode 1 gezeigte Zündkreis läßt sich in gleicher Weise für die anderen Anoden mit entsprechend phasenverschobenen 50-Hz-Spannungen aufbauen. Der Spannungsteiler S und Drehtransformator T_2 dienen zur Regelung der Leistungsabgabe des Umrichters, wie unten gezeigt wird.

In Bild 58 ist angenommen, daß die Einphasenseite des Umrichters ein Bahnnetz speist, das noch andere Speisepunkte hat und Frequenz, Phasenlage und Höhe der Einphasenspannung vorschreibt. In diesem Falle ist die Steuereinrichtung an das gleiche Netz angeschlossen. Wenn der Umrichter dagegen einen Streckenabschnitt unabhängig speist, so wird die Steuereinrichtung an einen kleinen Drehstrom-Einphasen - Motorgenerator angeschlossen, dessen Einphasenspannung Frequenz, Phasenlage und Spannungshöhe der Einphasenspannung des Umrichters bestimmt.

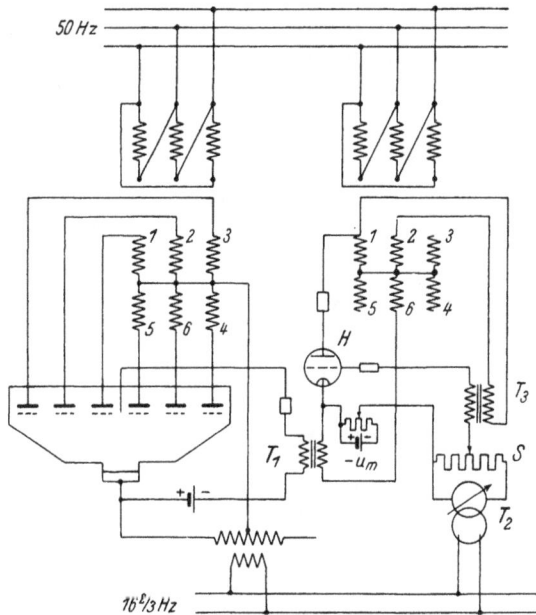

Bild 58. Schaltung zur Gittersteuerung der Anode 1 des linken Gefäßes der Umrichterschaltung nach Bild 55.

Wir haben bisher nur das linke Gefäß in Bild 55 und sozusagen die Schaltung als Gleichrichter-Wechselrichterschaltung mit veränderlicher Aussteuerung betrachtet. Nun kann eine solche Schaltung nur Strom in einer Richtung liefern. Um den auf der Einphasenseite geforderten Wechselstrom liefern zu können, erhält die Schaltung das zweite Gefäß in Bild 55 rechts, dessen Strom durch die zugehörige Primärwicklung des Transformators in umgekehrter Richtung fließt. Das bedeutet aber auch, daß die ausgesteuerte Einphasenspannung auf dieser Seite zwischen Kathode und Sternpunkt des Transformators gegenüber der bisher betrachteten der linken Seite negativ sein muß, da hier das rechte Gefäß auch in bezug auf die Spannung in umgekehrter Richtung an den Transformator angeschlossen ist. Das geschieht durch Einführung der Einphasenspannung in umgekehrter Richtung in den Gitterkreis und bei der Konstruktion der Spannung, die uns Bild 59 zeigt, durch Einzeichnung von $- (\cos \alpha)_{\max} \cdot \cos\left(\dfrac{\omega t}{3} + \dfrac{\psi}{3}\right)$ an Stelle von $+ (\cos \alpha)_{\max} \cdot \cos\left(\dfrac{\omega t}{3} + \dfrac{\psi}{3}\right)$ in Bild 57. Die Zündverzögerungswinkel bzw. die Zündwinkel ergeben sich wieder als Schnitt-

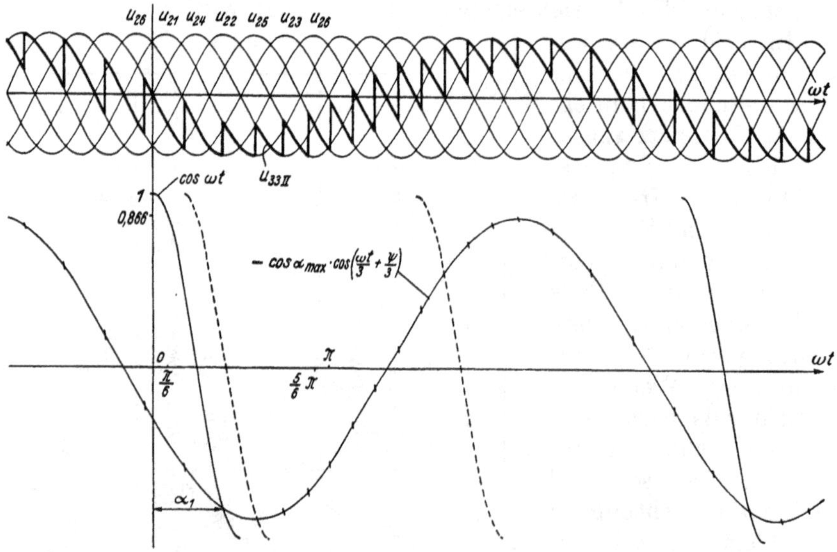

Bild 59. Konstruktion der Umrichterspannung bei Stromführung des rechten Gefäßes in Bild 55 und $(\cos \alpha)_{\max} = 0,87$.

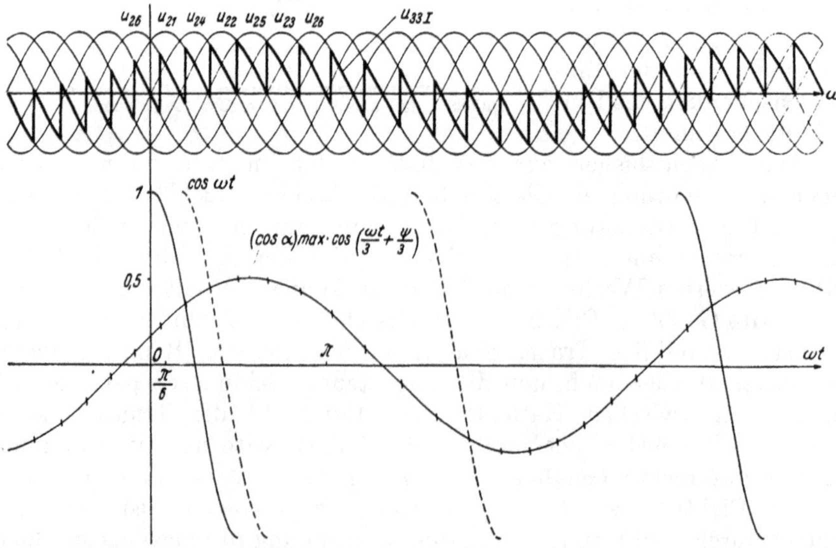

Bild 60. Konstruktion der Umrichterspannung bei Stromführung des linken Gefäßes in Bild 55 und $(\cos \alpha)_{\max} = 0,5$.

punkte dieser Kurve mit $\cos\left(\omega t - \dfrac{2\pi}{P}\cdot n\right)$. Wir sehen, wie sich die Zündverzögerungen gegenüber Bild 57 geändert haben, so daß sich die oben gezeichnete Stromrichterspannung ergibt, deren Grundschwingung negativ ist gegenüber der in Bild 57.

Die schematische Steuerschaltung nach Bild 58 zeigt uns, daß durch den Drehstromtransformator T_2 und den Spannungsteiler S die Phasenlage und Höhe des $16\tfrac{2}{3}$-Hz-Steuerspannungsanteiles geändert werden kann. Aus der bisherigen Betrachtung ist ohne weiteres klar, daß die Umrichterspannung in ihrer Phasenlage der der $16\tfrac{2}{3}$-Hz-Steuerspannung folgt. Bild 60 soll uns nun im Vergleich zu Bild 57 veranschaulichen, daß die Umrichterspannung auch der Höhe dieser Spannung folgt. Es ist in Bild 60 gegenüber Bild 57 lediglich die Höhe der $16\tfrac{2}{3}$-Hz-Kurve geändert und sonst die gleiche Konstruktion durchgeführt. In der Steuergleichung (95) bedeutet das eine Verringerung des Faktors $(\cos\alpha)_{max}$ auf $\cos 60^0 = 0{,}5$ gegenüber $\cos 30^0 = 0{,}866$ in Bild 57. Wir sehen, wie die Grundschwingung der entstandenen Umrichterspannung bei gleicher Phasenlage sich im Verhältnis 0,866 zu 0,5 verringert hat. Allerdings ist der Anteil der Oberschwingungen wesentlich gestiegen.

b) Ausgleichsströme.

Beim Zusammenschalten beider Umrichterhälften nach Bild 55 ergeben sich nun Ausgleichsströme, da die Oberschwingungen der beiden Spannungskurven nicht übereinstimmen. Es ist schematisch so, als wenn zwei Spannungsquellen über einen Transformator verbunden werden, deren Spannungskurven nicht übereinstimmen. Das Schaltschema dazu zeigt Bild 61. Dann entsteht je ein Ausgleichsstrom über jede der Spannungsquellen, der für beide gleich ist, wenn das Übersetzungsverhältnis des Transformators 1 : 1 ist; die Spannungsabfälle dieses Stromes an den inneren Widerständen bewirken, daß am Transformator ein mittlerer Spannungsverlauf erscheint. Die inneren Widerstände sind im Schema als Streuinduktivitäten angedeutet. Den Unterschied der Spannungen beider Umrichterhälften erkennen wir, wenn wir die Spannung des Bildes 59 umkehren und mit der des Bildes 57 zur Deckung bringen, wie Bild 61 zeigt. In der Umrichterschaltung sind die Vorgänge allerdings verwickelter. Um das zu übersehen, müssen wir auf die Stromverhältnisse näher eingehen, nachdem wir bisher nur die Spannungsbildung betrachtet haben.

Nehmen wir an, der Einphasenstrom habe eine Phasennacheilung von 60^0, wie in Bild 61 unten eingezeichnet. Da nun die positive Halbwelle des Stromes über das linke Umrichtergefäß und die negative Halbwelle über das rechte Umrichtergefäß fließt, so werden beide Gefäße abwechselnd zur Hauptstromführung herangezogen. In dem

Zeitabschnitt von 0 bis π in Bild 61 führt daher das linke Gefäß des Bildes 55 den Hauptstrom und im folgenden Abschnitt π bis 2π das rechte Gefäß. Die Spannungsverhältnisse dabei können wir nun so auffassen, als wenn dem Einphasentransformator jeweilig die dem

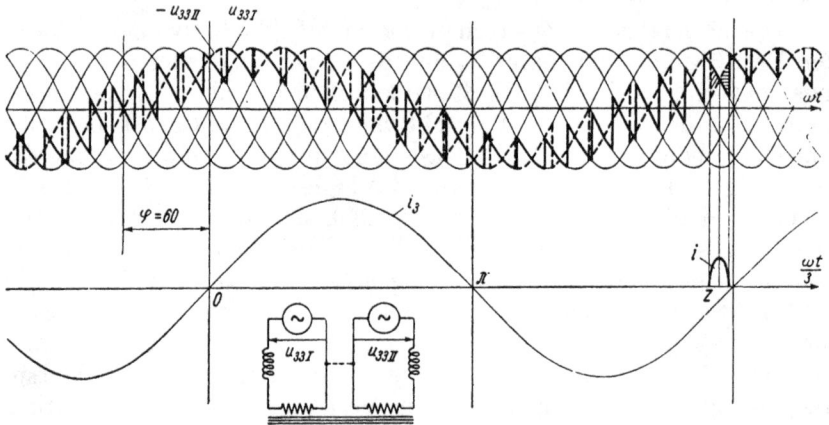

Bild 61. Differenzbildung der Umrichterspannungen in Bild 57 und 59.

hauptstromführenden Gefäß zugehörige Spannung aufgezwungen wird. So wird beispielsweise nach Bild 61 im Bereich π bis 2π der rechten Seite des Transformators in Bild 55 zunächst der in Bild 61 oben wiedergegebene gestrichelte Spannungsverlauf aufgezwungen, der auch auf der linken Seite des Transformators erscheint, entsprechend der dort angenommenen positiven Spannungsrichtung mit negativem Vorzeichen als $-u_{33\,\mathrm{II}}$. Dieser Spannung würde nun die Spannung $u_{33\,\mathrm{I}}$ der linken Seite entgegenwirken, und die Differenz der Spannungen $u_{33\,\mathrm{I}} - u_{33\,\mathrm{II}}$ würde den Ausgleichsstrom hervorrufen, der begrenzt wird durch die inneren Widerstände. Die Spannung $u_{33\,\mathrm{I}}$ ist in Bild 61 oben stark ausgezogen gezeichnet.

Es kann sich aber kein Ausgleichsstrom, der ein Wechselstrom sein müßte, über das linke Gefäß ausbilden, weil ein Stromrichtergefäß nur dann einen Wechselstrom führen kann, wenn sich dieser einem positiven Strom überlagert, der größer ist als der negative Spitzenwert des Wechselstromes. Dieser positive Strom wird für das rechte Gefäß gebildet durch die negative Halbwelle des Einphasenstromes i_3, so daß das rechte Gefäß einen Ausgleichsstrom übernehmen könnte. Das linke Gefäß dagegen kann nur dann einen Wechselstrom übernehmen, wenn sich außerdem ein positiver Strom ausbilden könnte. Das ist aber nicht möglich, weil die Differenz der beiden Spannungen im Mittel negativ ist. Wenn wir noch die Brennspannungen u_{32b} des Stromrichters berücksichtigen, so ist als Spannungsdifferenz wirksam:

$$u_{33\,I} - u_{32\,b} - [-(u_{33\,II} - u_{32\,b})] = u_{33\,I} - 2\,u_{32\,b} - [-u_{33\,II}] \ . \ . \ (96)$$

eine Spannung, deren Mittelwert $-2\,u_{32\,b}$, d. h. negativ ist, wenn $u_{33\,I}$ und $u_{33\,II}$ reine Wechselspannungen sind. Es wird also kein dauernd positiver Strom über das linke Gefäß in diesem Zeitabschnitt sich ausbilden können. Daher kann der Ausgleichsstrom nur in Stromstößen bestehen, die im Nulldurchgang immer wieder abbrechen. Zur Begrenzung dieser Stromstöße dienen die Streuinduktivitäten des Transformators und gegebenenfalls zusätzliche Drosselspulen in den Kathodenleitungen der Gefäße, als treibende Spannung wirkt die Differenz der jeweiligen Transformatorspannungen. In Bild 61 ist rechts unten ein solcher Stromstoß angedeutet. Da die Begrenzungswiderstände vorwiegend induktiv sind, ist der Stromverlauf durch das Integral der Spannung gegeben:

$$i = \frac{1}{\omega L} \int_{?}^{\omega t} (u_{33\,I} - 2\,u_{32\,b} - [-u_{33\,II}])\,d\omega t \ . \qquad . \ (97)$$

Der Strom steigt an, solange die treibende Spannung positiv ist. Die positive Spannungszeitfläche ist in Bild 61 oben schräg gestrichelt. Der Strom fällt aber, wenn die Spannung negativ wird, so lange, bis die negative Spannungszeitfläche, die in Bild 61 waagerecht gestrichelt ist, die Positive erreicht hat. Dann bricht der Strom mit dem Werte Null ab. In Bild 61 ist die Brennspannung nicht berücksichtigt; sie setzt den Strom herab und erzwingt auf jeden Fall einen lückenhaften, aus Stromstößen bestehenden Ausgleichsstrom.

Dieser Strom kann weiter herabgesetzt werden, wenn in die Steuerschaltung nach Bild 58 eine negative Gleichspannung $-u_m$, wie dort rechts unten angedeutet, eingeführt wird. Wenn wir auf die Konstruktion der Umrichterspannung nach Bild 57 zurückgehen, bedeutet das ja eine Herabsetzung dieser Spannung proportional zu $-u_m$. Die Steuergleichung (95) ändert sich dadurch nun in:

$$\cos\left(\omega t - \frac{2\,\pi}{P} \cdot n\right) = \cos\alpha_{\max} - \cos\left(\frac{\omega t}{3} + \frac{\psi}{3}\right) - \text{konst.} \cdot u_m \qquad (98)$$

d. h. in Bild 57 verschiebt sich die Kurve $(\cos\alpha)_{\max} \cdot \cos\left(\frac{\omega t}{3} + \frac{\psi}{3}\right)$ nach unten, und da die Grundschwingung der Umrichterspannung oben dieser Kurve folgt, so verschiebt sich auch ·die Umrichterspannung im gleichen Sinne, d. h. aber die Einführung einer solchen Steuergleichspannung wirkt sich in bezug auf Gl. (97) ähnlich wie die Brennspannung aus, wenn wir voraussetzen, daß für die beiden Umrichterhälften eine Steuergleichspannung gleicher Höhe benutzt wird. Dadurch wird also zugleich die Lückenhaftigkeit des Ausgleichsstromes erhöht.

Da der Spannungsabfall der Ausgleichsstromstöße sich auf beide Umrichterhälften verteilt, so besteht darin eine weitere Ursache, daß

8*

die Spannung am Transformator nicht nach den idealen Kurven der Bilder 57 oder 59 bzw. einer der Kurven in Bild 61 verläuft, sondern zwischen diesen.

Zur Unterdrückung des Ausgleichsstromes besteht auch hier die Möglichkeit, wenn das eine Gefäß hauptstromführend ist, das andere selbsttätig zu sperren. Das ist aber beim Nulldurchgang des Einphasenstromes nicht möglich, so daß man hier auf jeden Fall den Ausgleichsstrom zu berücksichtigen hat.

c) Bestimmung des Drehstromnetzstromes.

Der in Bild 61 gezeichnete Einphasenstrom fließt auf der Sekundärseite des Einphasentransformators. Auf der Primärseite fließt je eine Halbwelle dieses Stromes in jeder Wicklung, wenn wir den Ausgleichsstrom vernachlässigen, und dieser Strom verteilt sich auf die einzelnen Wicklungen des Drehstromtransformators nach Maßgabe ihrer Beteiligung an der Spannungsbildung. Den Strom auf der Primärseite des Drehstromtransformators bzw. den Belastungsstrom des Drehstromnetzes findet man dann durch Übertragung der einzelnen Sekundärströme auf die Primärseite.

Rechnerisch läßt sich der Netzstrom allgemein angeben [24], wenn man unendlich große Phasenzahl auf der Sekundärseite des Drehstromtransformators annimmt. Dadurch wird der praktische Netzstrom bei endlicher Phasenzahl annähernd wiedergegeben, zumal praktisch meist die Phasenzahlen $P = 12$ oder $P = 24$ gewählt werden; nur der Übersicht halber wurde für die bisherigen Betrachtungen $P = 6$ gewählt.

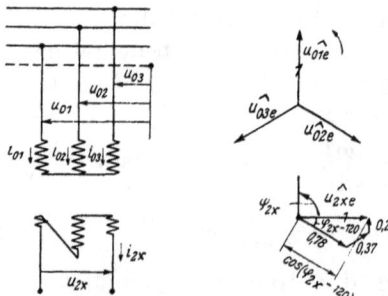

Bild 62. Zusammensetzung einer sekundären Phasenspannung beliebiger Phasenlage aus drei Teilspannungen. Übersetzungsverhältnis primär zu sekundär 1:1.

Wir wollen hier zur Bestimmung des Netzstromes von der Frage ausgehen, welche Netzströme in den drei Netzphasen eines Drehstromtransformators entstehen, wenn eine sekundäre Phase mit Strom beliebiger Phasenlage belastet ist. Wir setzen den Effektivwert der sekundären Phasenspannung gleich dem der Netzphasenspannung voraus: $u_{2e} = u_{0e}$, und denken uns nun die beliebige sekundäre Phasenspannung u_{2xe} nach Bild 62 auf der Sekundärseite eines primär in Stern geschalteten Transformators durch Reihenschaltung dreier Wicklungsspannungen der drei Schenkel gebildet. Dann gilt für den Augenblickswert der sekundären Spannung:

$$u_{2x} = a\,u_{01} + b\,u_{02} + c\,u_{03} \quad\ldots\ldots\ldots \quad (99)$$

wobei a, b und c positive oder negative Zahlen bedeuten, die angeben, welchen Anteil an der vollen Windungszahl die einzelnen Wicklungen haben und mit dem Vorzeichen die Durchlaufrichtung durch die Wicklung erfassen.

Von diesen Zahlen ist bei vorgegebener Spannung u_{2x} eine beliebig wählbar, dann liegen die anderen fest, wie man sich leicht am Vektordiagramm klarmachen kann. In Bild 62 ist eine bestimmte Aufteilung des Vektors $\widehat{u_{2xe}}$ entsprechend der Vektorgleichung:

$$\widehat{u_{2xe}} = 0{,}2\,\widehat{u_{01e}} + 0{,}78\,\widehat{u_{02e}} - 0{,}37\,\widehat{u_{03e}} \quad \ldots \ldots \text{(100)}$$

gewählt. Wenn darin beispielsweise der mit der Länge 0,78 bezeichnete Vektor gewählt wird als Spannungsanteil entsprechend dem Wicklungsanteil auf dem mittleren Schenkel des Transformators, so liegen die beiden anderen Anteile konstruktiv (und damit auch rechnerisch) fest durch die Parallelen zu $\widehat{u_{01e}}$ und $\widehat{u_{03e}}$ durch den Endpunkt des mit 0,78 bezeichneten Vektors und den Endpunkt von $\widehat{u_{2xe}}$. Trotz dieser Willkür in der Wicklungsaufteilung ist aber die Übertragung eines von u_{2x} gelieferten Stromes i_{2x} auf die Netzseite eindeutig durch die Phasenlage von u_{2x} bestimmt. Allgemein gilt ja für die Netzströme zunächst [4, S. 45 f.]:

$$i_{01} = \frac{2}{3}\,a\,i_{2x} - \frac{1}{3}\,b\,i_{2x} - \frac{1}{3}\,c\,i_{2x} = \frac{2}{3}\,i_{2x}\left[a - \frac{1}{2}\,b - \frac{1}{2}\,c\right]$$

$$i_{02} = \frac{2}{3}\,b\,i_{2x} - \frac{1}{3}\,c\,i_{2x} - \frac{1}{3}\,a\,i_{2x} = \frac{2}{3}\,i_{2x}\left[b - \frac{1}{2}\,c - \frac{1}{2}\,a\right]$$

$$i_{03} = \frac{2}{3}\,c\,i_{2x} - \frac{1}{3}\,a\,i_{2x} - \frac{1}{3}\,b\,i_{2x} = \frac{2}{3}\,i_{2x}\left[c - \frac{1}{2}\,a - \frac{1}{2}\,b\right] . \text{ (101)}$$

Für die Ausdrücke in den eckigen Klammern gilt nun ganz unabhängig von der gewählten Aufteilung des Vektors:

$$\left[a - \frac{1}{2}\,b - \frac{1}{2}\,c\right] = \cos\varphi_{2x}$$

$$\left[b - \frac{1}{2}\,c - \frac{1}{2}\,a\right] = \cos(\varphi_{2x} - 120^0)$$

$$\left[c - \frac{1}{2}\,a - \frac{1}{2}\,b\right] = \cos(\varphi_{2x} - 240^0) \quad \ldots \ldots \text{(102)}$$

Die zweite dieser Gleichungen ist beispielsweise im Vektordiagramm veranschaulicht. Wenn man nämlich den nach Gl. (100) aufgeteilten Vektor auf die Richtung von $\widehat{u_{02e}}$ projiziert, ergibt sich:

$$u_{2xe} \cdot \cos(\varphi_{2x} - 120^0) = b\,u_{0e} + c\,u_{0e}\cos 120^0 + a\,u_{0e} \cdot \cos 240^0$$

$$= b\,u_{0e} + c\,u_{0e} \cdot \left(-\frac{1}{2}\right) + a\,u_{0e} \cdot \left(-\frac{1}{2}\right) \quad . . \text{ (103)}$$

denn der zweite Anteil nach Gl. (100) fällt ja in Richtung von $\overset{\frown}{u}_{02e}$, und die beiden anderen Anteile sind um 120° bzw. 240° gegenüber $\overset{\frown}{u}_{02e}$ nacheilend. Daraus folgt die zweite Gl. (102) unmittelbar bei Gleichheit der effektiven Spannungen. Ebenso lassen sich durch Projektion von $\overset{\frown}{u}_{2xe}$ auf die Richtung von $\overset{\frown}{u}_{01e}$ und $\overset{\frown}{u}_{03e}$ die anderen Gl. (102) nachweisen. Somit ergibt sich für die Stromverteilung nach Gl. (101):

$$i_{01} = \frac{2}{3} i_{2x} \cdot \cos \varphi_{2x}$$

$$i_{02} = \frac{2}{3} i_{2x} \cdot \cos (\varphi_{2x} - 120°)$$

$$i_{03} = \frac{2}{3} i_{2x} \cdot \cos (\varphi_{2x} - 240°) \ . \ . \quad . \ . \ . \ . \ (104)$$

D. h. also bei beliebiger Zusammensetzung einer sekundären Phasenspannung sind die Ströme auf der Netzseite durch den sekundären Belastungsstrom und die Phasenlage der sekundären Spannung nach Gl. (104) bestimmt. Das Ergebnis ist auch unabhängig von der primären Schaltung des Transformators, denn man kann grundsätzlich jede Schaltung auf das Ersatzschema nach Bild 62 zurückführen.

Die Gl. (104) seien nun an Hand von Bild 63 auf die Stromverhältnisse beim Umrichter nach Bild 55 mit unendlich großer sekundärer Phasenzahl angewandt. In Bild 63 ist oben die erste Netzphasenspannung u_{01} und die bei unendlicher Phasenzahl rein sinusförmige Einphasenspannung u_3 aufgetragen, die gegen u_{01} eine willkürliche Verschiebung ψ hat. (Man kann da nicht von Phasenverschiebung sprechen, da es sich ja um Spannungen mit verschiedener Frequenz handelt.) Das Frequenzverhältnis ist 3 : 1 gewählt. Daher gilt für die Einphasenspannungen die Gleichung:

$$u_3 = \sqrt{2} \, u_{2e} \cdot \cos \alpha_{\max} \cdot \cos \left(\frac{\omega t}{3} + \frac{\psi}{3} \right) \quad . \ . \ . \ . \ (105)$$

Der Faktor $(\cos \alpha)_{\max}$ gibt die höchste zulässige Aussteuerung an. Bei unendlicher sekundärer Phasenzahl könnte die Umrichterspannung bei voller Aussteuerung mit $\cos \alpha_{\max} = 1$ den Höchstwert der sekundären Phasenspannung erreichen.

Unten ist der Einphasenstrom i_3 gezeichnet, der eine Nacheilung von $\varphi_3 = 30°$ (gemessen im Zeitmaßstab entsprechend der niederen Frequenz $f/3$) habe. In der Schaltung nach Bild 55 fließt der Strom entsprechend der positiven Halbwelle durch das linke Gefäß und entsprechend der negativen Halbwelle durch das rechte Gefäß, in beiden Fällen in gleicher durch die Stromrichtergefäße bestimmter Richtung. Es wird dem Transformator insgesamt ein Strom entnommen, der der positiven Halbwelle und der ins Positive umgeklappten negativen Halbwelle des

Einphasenstromes folgt. Das ist in Bild 63 rechts unten angedeutet durch die strichpunktierte Halbwelle. Wenn für den Einphasenstrom die Gleichung gilt:

$$i_2 = \sqrt{2}\, i_{3e} \cdot \cos\left(\frac{\omega t + \psi - 3\,\varphi_3}{3}\right) \qquad \ldots \ldots (106)$$

können wir für den Strom mit umgeklappter negativer Halbwelle schreiben:

$$i_3' = \sqrt{2}\, i_{3e} \cdot \left[+ \sqrt{\cos^2\left(\frac{\omega t + \psi - 3\,\varphi_3}{3}\right)}\,\right] \qquad \ldots \ldots (107)$$

Dieser Strom wird insgesamt von dem Transformator geliefert; dabei sind aber ständig andere sekundäre Phasenspannungen mit anderen Phasenlagen beteiligt. Wenn wir daher den Netzstrom nach Gl. (104) zunächst in der ersten Phase bestimmen wollen, ist es notwendig, die Änderung der Phasenwinkel φ_{2x} zwischen der stromführenden Phase und der Netzphasenspannung u_{01} zu bestimmen.

Wenn man den Strom i_3' immer derjenigen sekundären Phase entnehmen würde, deren Spannung ihren Höchstwert hat, so würde $\varphi_{2x} = \omega t$ sein, denn die stromführende Phasenspannung würde immer gerade um ωt gegenüber u_{01} nacheilen. Man hat sich da als sekundäre Phasenspannungen unendlich viele Kosinuskurven der Form von u_{01} eingezeichnet zu denken, die bei stetig veränderlicher Phasenlage den Raum von 0 bis 2π stetig erfüllen, von denen immer diejenige zur jeweiligen Stromlieferung im Zeitpunkt ωt durch die Steuerung ausgewählt werden müßte, die gerade ihren Höchstwert hat. Man würde dann an Stelle der Umrichterspannung eine Gleichrichterspannung erhalten, denn diesem Falle entspricht der Gleichrichterbetrieb bei voller Aussteuerung. Bei konstantem abgegebenen Gleichstrom, $i_3 = i_{3m}$ wäre der Netzstrom nach Gl. (104):

$$i_{01} = \frac{2}{3}\, i_{3m} \cdot \cos \omega t \qquad \ldots \ldots \ldots (108)$$

d. h. der Netzstrom des vollausgesteuerten Gleichrichters mit unendlich großer sekundärer Phasenzahl ist ein reiner Sinusstrom in Phase mit der Netzspannung.

Beim Umrichterbetrieb wird aber eine veränderliche Stromrichterspannung gewünscht. Und zwar folgt diese Spannung während der positiven Halbwelle des Einphasenstromes der Einphasenspannung u_3 und während der negativen Halbwelle der ins Positive geklappten Einphasenspannung; denn nach Bild 55 wird ja während der negativen Halbwelle der Stromrichter in umgekehrter Richtung an den Einphasentransformator geschaltet. In Bild 63 oben ist der umgeklappte Teil der Einphasenspannung strichpunktiert gezeichnet. Wir bezeichnen die Einphasenspannung mit umgeklapptem Teil mit u_3'. Um diesen Verlauf der Umrichterspannung zu erreichen, muß durch die Steuerung zur jeweiligen Stromführung eine Phasenspannung ausgewählt werden, deren Höhe im betrachteten Zeitpunkt beispielsweise $\omega t = \omega t_B$ gerade gleich der Höhe von u_3' bei $\omega t = \omega t_B$ ist. In Bild 63 links oben sei

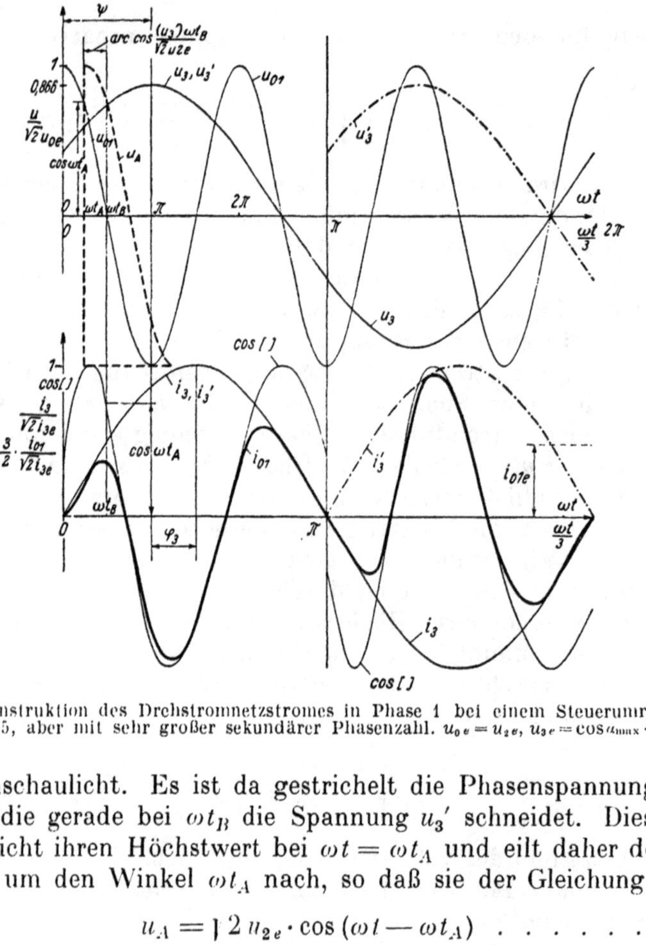

Bild 63. Konstruktion des Drehstromnetzstromes in Phase 1 bei einem Steuerumrichter nach Bild 55, aber mit sehr großer sekundärer Phasenzahl. $u_{0e} = u_{2e}$, $u_{3e} = \cos \alpha_{max} \cdot u_{2e}$.

das veranschaulicht. Es ist da gestrichelt die Phasenspannung u_A gezeichnet, die gerade bei ωt_B die Spannung u_3' schneidet. Diese Spannung erreicht ihren Höchstwert bei $\omega t = \omega t_A$ und eilt daher der Spannung u_{01} um den Winkel ωt_A nach, so daß sie der Gleichung folgt:

$$u_A = \sqrt{2}\, u_{2e} \cdot \cos(\omega t - \omega t_A) \quad \ldots \ldots \ldots \quad (109)$$

und die geforderte Gleichheit von u_A und u_{01} bei ωt_B drückt sich dann in der Gleichung aus:

$$\sqrt{2}\, u_{2e} \cdot \cos(\omega t_B - \omega t_A) = (u_3')_{\omega t = \omega t_B} \quad \ldots \ldots \quad (110)$$

Daraus ergibt sich die Phasennacheilung der zur Stromlieferung bei $\omega t = \omega t_B$ zu wählenden Spannung:

$$\omega t_A = \omega t_B - \arccos \frac{(u_3')_{\omega t = \omega t_B}}{\sqrt{2}\, u_{2e}} \quad \ldots \ldots \quad (111)$$

(Es muß notwendig eine Phasenspannung gewählt werden, für die der Schnittpunkt mit $u_3{}'$ auf der abfallenden Flanke liegt, denn die folgende Phasenspannung ist dagegen nach rechts verschoben und muß mit der betrachteten Spannung eine positive Spannungsdifferenz bilden, damit die folgende Anode zur Zündung kommen kann.) Verallgemeinert heißt das, daß die jeweilig bei ωt zur Stromführung benutzte Phasenspannung um den Winkel:

$$\varphi_{2x} = \omega t - \arccos \frac{u_3{}'}{\sqrt{2}\,u_{2e}} \qquad \dots \dots \dots (112)$$

nacheilt. Dieser Winkel erscheint also an Stelle des Winkels in Gl. (104) oben, so daß wir mit Gl. (107) für den Netzstrom des Umrichters finden:

$$\frac{i_{01}}{\frac{2}{3}\sqrt{2}\,i_{3e}} = + \sqrt{\cos^2\frac{\omega t + \psi - 3\,\varphi_3}{3}} \cdot \cos\left[\omega t - \arccos\frac{u_3{}'}{\sqrt{2}\,u_{2e}}\right] \quad (113)$$

Aus Bild 63 sehen wir nun, daß der Wert

$$\cos\left[\omega t_B - \arccos\frac{(u_3{}')_{\omega t = \omega t_B}}{\sqrt{2}\,u_{2e}}\right] = \cos\omega t_A$$

von der gestrichelten Senkrechten bei $\omega t = \omega t_A$ aus der Bezugsspannung u_{01} herausgeschnitten wird. Was hier am Beispiel von $\omega t = \omega t_B$ gezeigt ist, führt verallgemeinert zur graphischen Auswertung des Ausdrucks $\cos\left[\omega t - \arccos\dfrac{u_3{}'}{\sqrt{2}\,u_{2e}}\right]$.

Wir denken uns eine Schablone von der gestrichelten Umrandung waagerecht verschoben und tragen immer die von der Senkrechten aus u_{01} herausgeschnittene Länge, die beispielsweise in Bild 63 links oben $\cos\omega t_A$ ist, über ωt auf. Das ist in Bild 63 unten links für $\omega t = \omega t_B$ gezeigt. Über den ganzen Bereich ausgeführt gewinnen wir so den Verlauf von $\cos[\ ]$ der Gl. (113) in Bild 63 unten. Bei der Wahl des Frequenzverhältnisses 3 : 1 ist der Verlauf von $\cos[\ ]$ im Bereich der negativen Halbwelle von i_3 das Spiegelbild des Verlaufes im Bereich der positiven Halbwelle. Beim Nulldurchgang von i_3 macht der Verlauf von $\cos[\ ]$ einen Sprung, weil auch der Verlauf von $u_3{}'$ einen Sprung macht.

Die so gewonnenen Werte von $\cos[\ ]$ werden nach Gl. (113) mit dem Strom $i_3{}'$ multipliziert. Dadurch findet man schließlich den ersten Netzstrom i_{01}, wie er in Bild 63 unten stark hervorgehoben ist. Dieser Strom ist Null, wenn einer der beiden Faktoren Null ist, und schmiegt sich dem Verlauf des einen Faktors an, wenn der andere den Wert 1 erreicht. Im Bereich der negativen Halbwelle des Einphasenstromes ist sein Verlauf auch negativ zu dem im Bereich der positiven Halbwelle. Der so gefundene Netzstrom gehört zur oben gezeichneten Netzphasenspannung u_{01}. Wir sehen, daß er dauernd nacheilend ist, abgesehen von der starken Verzerrung. Das folgt aus dem Umstand, daß die jeweilig zur Stromführung herangezogene Phasenspannung, wie uns die Konstruktion in Bild 63 zeigte, gegenüber der Spannung voreilt, die gerade im betrachteten Zeitpunkt ihren Höchstwert hat, z. B. die gestrichelte Spannung u_A in Bild 63 um den Winkel $\omega t_B - \omega t_A$; dadurch eilt umgekehrt der Strom nach. Das entspricht auch der grundsätzlichen Tatsache, daß in jeder Stromrichteranlage die Zündverzögerung zu nacheilendem Netzstrom führt.

Entsprechend Gl. (104) lassen sich nun für die beiden anderen Netzströme die Gleichungen anschreiben:

$$\frac{i_{02}}{\frac{2}{3}\,\sqrt{2}\,i_{3e}} = +\sqrt{\cos^2\frac{\omega t + \psi - 3\varphi_3}{3}} \cdot \cos\left[\omega t - 120^0 - \arccos\frac{u_3'}{\sqrt{2}\,u_{2e}}\right]$$

$$\frac{i_{03}}{\frac{2}{3}\,\sqrt{2}\,i_{3e}} = +\sqrt{\cos^2\frac{\omega t + \psi - 3\varphi_3}{3}} \cdot \cos\left[\omega t - 240^0 - \arccos\frac{u_3'}{\sqrt{2}\,u_{2e}}\right]$$

$$\dots (114)$$

Die Kosinusfunktionen in diesen Gleichungen lassen sich auf die gleiche Weise wie in Bild 63 finden. Wir haben nur die gestrichelt gezeichnete Schablone nach links um 120° bzw. 240° zu vergrößern. Das Ergebnis zeigt Bild 64. (Es handelt sich nicht etwa nur um eine Verschiebung der Kurve in Bild 63 unten um 120° bzw. 240°, denn die Phasenverschiebung ist ja zeitabhängig.) Nach Multiplikation mit der Stromkurve i_3' ergeben sich dann schließlich die stark ausgezogenen Netzströme in Bild 64.

Die willkürliche Lage der Einphasenspannung u_3 gegenüber der Netzspannung wird durch den Winkel ψ bestimmt. Mit ψ ändert sich in den Gl. (113) und (114) der Verlauf der Funktion cos [ ] und die Lage des Stromes i_3 dazu. Dadurch entsteht ein anderer Stromverlauf. Bei einer Veränderung von ψ um 120° geht der Stromverlauf der vorhergehenden Phase in den der folgenden über.

Das Frequenzverhältnis ist nicht an den im Beispiel gewählten Wert gebunden. Ist das Verhältnis wie in Bild 63 und 64 genau 3 zu 1 (oder ein anderes ganzzahliges Verhältnis), so wiederholt sich der Stromverlauf, wie wir gesehen haben, nach einer vollen Periode des Einphasenstromes. Andernfalls verschieben sich Strom- und Spannungskurve, i_3 und u_3, gegenüber der Netzspannung, und der Stromverlauf wiederholt sich erst nach n Niederfrequenzperioden, wobei $n \cdot \varDelta\omega t = 2\pi$ ist und $\varDelta\omega t$ die Verschiebung nach einer vollen Niederfrequenzperiode ist. Wir brauchen aber nur m Perioden zu betrachten, wobei $m\,\varDelta\omega t = \dfrac{2\pi}{3}$ ist, denn nach dieser Zeit geht der betrachtete Netzstrom in den der folgenden Phase über.

Das Ergebnis dieser Betrachtung sind stark verzerrte Netzströme, deren Verlauf untereinander auch abgesehen von der Phasenlage nicht gleich ist. Die Ungleichheit führt nur dann zu einer ungleichen Belastung der drei Phasen des Drehstromnetzes, wenn das Frequenzver-

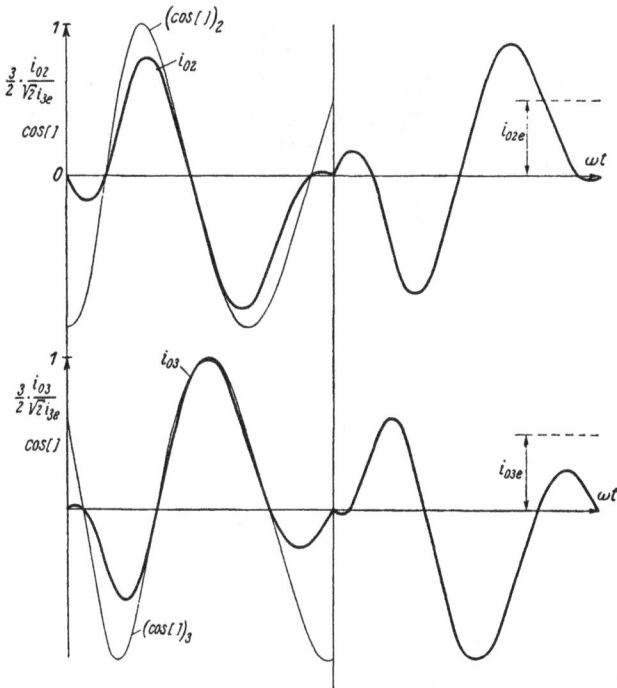

Bild 64. Drehstromnetzströme in Phase 2 und 3 bei einem Steuerumrichter nach Bild 55, aber mit sehr großer sekundärer Phasenzahl.

hältnis starr ist. Bei gleitendem Frequenzverhältnis ändert sich die Ungleichheit so, daß im Mittel alle Phasen gleich belastet werden. Die Auswertung der Stromkurven in Bild 63 und 64 mit dem Effektivwert-Planimeter ergibt die Werte:

$$\frac{3}{2} \cdot \frac{i_{0e}}{\sqrt{2}\, i_{3e}} = 0,48 \div 0,50 \quad \text{bzw.} \quad \frac{i_{0e}}{i_{3e}} = 0,45 \div 0,47 \quad . \quad . \quad . \quad (115)$$

Damit läßt sich auch die netzseitige Scheinleistung im Verhältnis zur einphasenseitigen Scheinleistung angeben:

$$\frac{3\, i_{0e} \cdot u_{0e}}{i_{3e} \cdot u_{3e}} = \frac{3\, i_{0e}}{i_{3e}} \cdot \frac{u_{0e}}{u_{3e}} = 3 \cdot 0,46 \cdot \frac{1}{0,866} = 1,6 \quad . \quad . \quad . \quad (116)$$

Und daraus folgt unmittelbar für den netzseitigen Leistungsfaktor, da netzseitige und einphasige Wirkleistung gleich sein müssen:

$$\lambda_0 = \frac{i_{3e} \cdot u_{3e} \cdot \cos \varphi_3}{3 \, i_{0e} \cdot u_{0e}} = \frac{l_{0e\,\text{Wirk}}}{l_{0e}} = \frac{1 \cdot \cos \varphi_3}{1,6} = \frac{0,866}{1,6} = 0,54 \quad (117)$$

Die allgemeine analytische Berechnung der effektiven Netzströme nach den Gl. (113) und (114) ist umständlich und daher sei darauf hier verzichtet.

d) Bestimmung der Blindleistung.

Ohne auf den verwickelten Verlauf des Netzstromes Rücksicht zu nehmen, läßt sich für einen besonderen Belastungsfall die Feldblindleistung auf der Netzseite, $l_{0\,\text{Blind}}$, bestimmen und damit auch der Verschiebungsfaktor $\cos \varphi_0$. Die gesamte Feldblindleistung auf der Netzseite läßt sich durch die Feldblindleistung auf der Sekundärseite des Transformators ausdrücken. Diese ist, wie wir schon auf S. 101 gesehen haben, der Mittelwert der Leistung, die die Sekundärströme mit den um 90° nacheilenden Phasenspannungen bilden. Im Falle des Umrichters mit unendlicher sekundärer Phasenzahl des Transformators bedeutet das folgendes: Die Einphasenspannung wird in jedem Zeitpunkt von der sekundären Phasenspannung gebildet, die gerade stromführend ist. Wir haben an Hand von Bild 63 oben gesehen, wie die betreffende Phasenspannung zu einem bestimmten Zeitpunkt gefunden wird. Es ist dies beispielsweise die Spannung u_A im Zeitpunkt ωt_B. Zu diesen Spannungen haben wir jeweilig die um 90° nacheilende Sinusspannung zu wählen und diese im betrachteten Zeitpunkt als stromführend anzusehen. Genau so wie aus den einzelnen Phasenspannungen die Einphasenspannung gebildet wird, kann man aus den entsprechend um 90° nacheilenden Phasenspannungen bzw. den unendlich kurzen Ausschnitten aus diesen, in denen sie stromführend zu denken sind, einen neuen Spannungsverlauf bilden. Das führt zu dem gedachten Spannungsverlauf u_3'', wie in Bild 65 oben gezeigt wird. Wir sehen den von Bild 63 übertragenen Spannungsverlauf u_3', ferner gestrichelt die im Zeitpunkt ωt_C stromführende Phasenspannung u_C, die u_3' hier schneidet. Die dazugehörige, um 90° nacheilende Phasenspannung ist mit u_C'' bezeichnet. Ihr Wert bei ωt_C ergibt den Wert von u_3'' in diesem Zeitpunkt. Wir denken uns nun eine Schablone, die u_C und u_C'' enthält und verschieben diese über den ganzen Bereich von u_3' und tragen immer über dem Schnittpunkt von u_C mit u_3' den zugehörigen Wert von u_C'' auf. So erhalten wir den vollständigen Verlauf von u_3'', denn u_C nimmt bei der Verschiebung die Lage aller möglichen Phasenspannungen ein. Da immer nur die abfallende Flanke der Phasenspannungen, wie wir gesehen haben, benutzt werden darf und in dem dazugehörigen Bereich die um 90° nacheilenden Phasenspannungen positiv sind, so wird auch u_3'' im Positiven verlaufen. Da im Bereich der negativen Halbwelle des Einphasenstromes u_3' sich wiederholt, so wird auch u_3'' hier sich wiederholen.

Wir hatten für u_3 die Gleichung angesetzt:

$$\frac{u_3}{\sqrt{2}\,u_{2e}} = \cos \alpha_{\max} \cdot \cos \frac{(\omega t - \psi)}{3} \quad \ldots \ldots (118)$$

Ebenso wie u_3 hängt u_3'' demnach in der Höhe von dem Aussteuerungsgrad $(\cos \alpha)_{\max}$ ab. Dieser ist für Bild 63 und 65 zu $(\cos \alpha)_{\max} =$

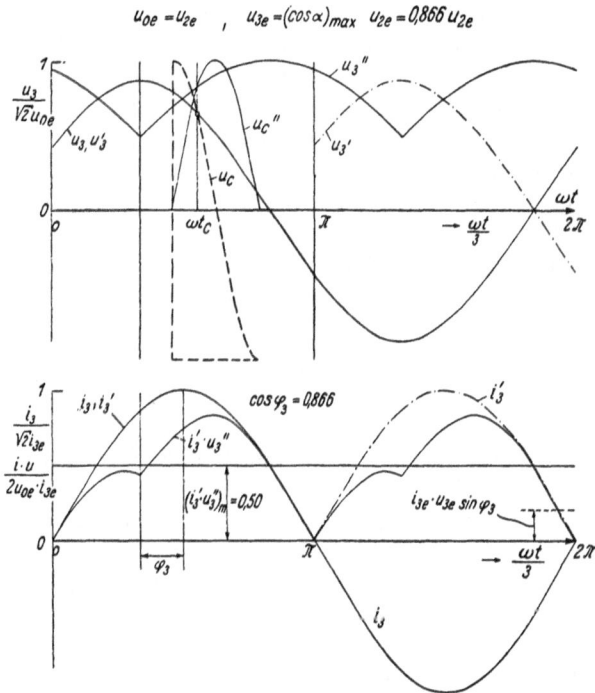

Bild 65. Bestimmung der Feldblindleistung auf der Drehstromseite des Steuerumrichters nach Bild 55 bei $\cos \varphi_3 = 0,87$ auf der Einphasenseite für $(\cos \alpha)_{\max} = 0,87$.

0,866 gewählt. Wir können nun leicht auf Grund der Konstruktion in Bild 65 oben feststellen, daß $u_3'' = 1$ wird, d. h. eine gerade Linie, wenn $(\cos \alpha)_{\max} = 0$ bzw. $u_3' = 0$ wird. Denn dann wird immer der Nulldurchgang der gestrichelten Phasenspannung auf der Schablone und der Höchstwert der um 90⁰ nacheilenden Phasenspannung benutzt. Wenn andererseits $(\cos \alpha)_{\max} = 1$ wäre, was ja praktisch ausgeschlossen ist, so wird u_3'' aus positiven Sinushalbwellen gebildet, die gegen u_3 um 90⁰ verschoben sind.

Die so gefundene, gedachte Spannung u_3'' muß mit dem insgesamt dem Transformator entnommenen Strom i_3' multipliziert werden. Wir erhalten dann, wie in Bild 65 unten gezeigt, einen Leistungsverlauf

$i_3' \cdot u_3''$, dessen Mittelwert die gesuchte gesamte Blindleistung auf der Netzseite ist:

$$l_{0e\,\text{Blind}} = (i_3' \cdot u_3'')_m \ . \qquad\qquad . \ (119)$$

Dieser Mittelwert ist in Bild 65 unten eingezeichnet. Der so gefundene Leistungsverlauf $i_3' \cdot u_3''$ ist nur ein gedachter, dem kein wirklicher Leistungsverlauf entspricht. Man hat sich vorzustellen, daß gleichzeitig mit dem Übergang auf die um 90° nacheilenden Phasenspannungen auf der Sekundärseite des Transformators auch auf der Primärseite und Netzseite alle Spannungen durch die um 90° nacheilenden ersetzt werden. Dann erhält man netzseitig auch den sekundärseitig bestimmten Leistungsverlauf auf Grund der auch bei den geänderten Spannungsverhältnissen geltenden Gleichheit von netzseitiger und sekundärseitiger Leistung. Nun bilden aber mit den um 90° nacheilenden Netzspannungen nur die Grundschwingungen der Netzströme eine mittlere Leistung. Diese ist gleich den Produkten aus den effektiven Netzspannungen mit den Stromanteilen der Grundschwingungen in Richtung der um 90° nacheilenden Netzspannungen, d. h. den Blindstromanteilen der Netzströme:

$$l_{0e\,\text{Blind}} = (i_{01e})_1 \cdot \sin \varphi_{01}\, u_{01e} + (i_{02e})_1 \sin \varphi_{02} \cdot u_{02e}$$
$$+ (i_{03e})_1 \sin \varphi_{03}' \cdot u_{03e} \quad . \ . \ (120)$$

Die Klammer mit dem Index 1 bedeutet, daß es sich um die Grundschwingung handelt. Dabei ist aber zu beachten, daß die Blindstromanteile der Grundschwingung des Netzstromes mit den um 90° nacheilenden Netzspannungen, da es sinusförmige Ströme sind, einen anderen z e i t l i c h e n Verlauf der gedachten Leistung ergeben. Die Gesamtleistung wäre bei gleichen Blindstromanteilen zeitlich konstant. In dem gezeichneten Leistungsverlauf ist die gedachte Leistung der vollständigen Ströme einschließlich des Wirkstromanteiles und der Verzerrungsströme enthalten. Nur die m i t t l e r e n Leistungen sind in beiden Fällen gleich und darauf beruht das Verfahren.

Aus Strom, Spannung und Phasenverschiebung ist die Blindleistung auf der Einphasenseite zu berechnen:

$$l_{3e\,\text{Blind}} = i_{3e} \cdot u_{3e} \cdot \sin \varphi_3 \ . \ . \qquad\qquad . \ (121)$$

In Bild 65 ist $\varphi_3 = 30°$ angenommen, und rechts unten ist zum Vergleich die Blindleistung auf der Einphasenseite eingezeichnet. Sie ist in diesem Fall etwa $^2/_5$ der netzseitigen Blindleistung.

Die ideelle Spannung u_3'', die den einen Faktor bei Berechnung der netzseitigen Blindleistung bildet, ist, wie wir gesehen haben, abhängig vom Verlauf der Umrichterspannung bzw. der höchsten Aussteuerung $(\cos \alpha)_{max}$. Sie wächst mit fallenden Werten $(\cos \alpha)_{max}$. Das entspricht der Zunahme der netzseitigen Blindleistung mit abnehmender höchster

Aussteuerung. Dabei kann gleichzeitig die einphasenseitige Blindleistung bei konstantem Einphasenstrom abnehmen, weil die Einphasenspannung abnimmt. Den anderen Faktor bildet der Strom i_3'. Nun
zeigt uns Bild 65, daß es für den resultierenden Leistungsverlauf bzw.
für die Höhe von dessen Mittelwert auf die Phasenlage von i_3 bzw. i_3'
ankommt. Wenn wir uns i_3' verschoben denken, so sehen wir, daß die
Produktkurve $i_3' \cdot u_3''$ höheren Mittelwerten zustrebt, wenn φ_3 wächst
und umgekehrt kleineren Mittelwerten, wenn φ_3 fällt. Wird $\varphi_3 = 90^0$,
dann fällt der Höchstwert von i_3' mit dem von u_3'' zeitlich zusammen,
und es wird ersichtlich der höchste Leistungsverlauf erreicht. Ist dagegen $\varphi_3 = 0$, so fällt der Höchstwert von i_3' mit dem Tiefstwert von u_3''
zusammen, so daß der kleinste Mittelwert des Leistungsverlaufes erreicht wird. Das ist die Blindleistung, die netzseitig auch dann noch
vorhanden ist, wenn einphasenseitig keine Blindleistung angefordert
wird. In Bild 66 ist für diese beiden Fälle im Zusammenhang mit Bild 65

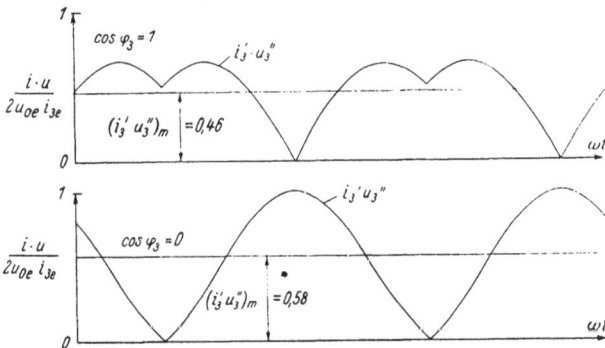

Bild 66. Bestimmung der Feldblindleistung des Steuerumrichters nach Bild 55 auf der Drehstromseite bei cos $\varphi_3 = 1$ und 0 für (cos $\alpha)_{max} = 0,87$.

der Leistungsverlauf gezeichnet. Man erkennt die Änderung des Mittel-
wertes im Vergleich zu dem in Bild 65. Es zeigt sich danach, wie die
drehstromseitige Blindleistung mit der einphasenseitigen Blindleistung
wächst.

Das geschilderte Verfahren läßt sich auch rechnerisch durchführen
und führt zur Abhängigkeit des Verhältnisses der drehstromseitigen
Blindleistung zur einphasenseitigen Blindleistung von der Aussteuerung
(cos $\alpha)_{max}$ und dem einphasenseitigen Verschiebungsfaktor cos φ_3. Dabei
kann man auch, da die Wirkleistung auf der Drehstromseite gleich der
auf der Einphasenseite ist, auf den Verschiebungsfaktor des Dreh-
strom-Netzstromes übergehen:

$$\cos \varphi_0 = \frac{l_{0e\,\text{Wirk}}}{\sqrt{(l_{0e\,\text{Wirk}})^2 + (l_{0e\,\text{Blind}})^2}} \quad \ldots \ldots \quad (122)$$

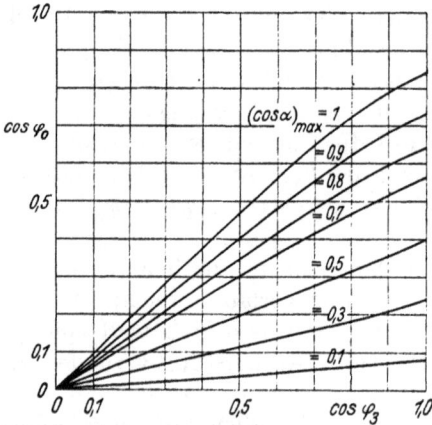

Bild 67. Drehstromseitiger Verschiebungsfaktor $\cos \varphi_0$ abhängig vom einphasenseitigen Verschiebungsfaktor $\cos \varphi_3$ für verschiedene Werte $(\cos \alpha)_{max}$.

So ist in Bild 67 der netzseitige Verschiebungsfaktor abhängig vom einphasenseitigen Verschiebungswinkel enthalten.

Mit der Wirk- und Blindleistung ist auch der Grundschwingungsanteil der Netzströme im Mittel gegeben:

$$\frac{(i_{0e})_1}{i_{3e}} \approx \frac{1}{3} \cdot \frac{\sqrt{(l_{0e\,\mathrm{Wirk}})^2 + (l_{0e\,\mathrm{Blind}})^2}}{u_{0e} \cdot i_{3e}}$$

$$= \frac{1}{3} \frac{l_{0e\,\mathrm{Wirk}}}{\cos \varphi_0 \cdot u_{0e} \cdot i_{3e}} \qquad (123)$$

Wir entnehmen beispielsweise Bild 65 unten für die Netzblindleistung den Wert:

$$\frac{(i_3' \cdot u_3'')_m}{2\, u_{0e} \cdot i_{3e}} = \frac{l_{0e\,\mathrm{Blind}}}{2\, u_{0e} \cdot i_{3e}} = 0{,}5$$

$$\text{bzw. mit } u_{3e} = 0{,}866\, u_{0e}, \quad \frac{l_{0e\,\mathrm{Blind}}}{u_{3e} \cdot i_{3e}} = 1{,}15 \quad \ldots \quad (124)$$

Aus Bild 63 können wir weiter für die Wirkleistung entnehmen mit $\varphi_3 = 30^0$:

$$\frac{l_{0e\,\mathrm{Wirk}}}{u_{3e} \cdot i_{3e}} = \frac{l_{3e\,\mathrm{Wirk}}}{u_{3e} \cdot i_{3e}} = \frac{u_{3e} \cdot i_{3e} \cdot \cos \varphi_3}{u_{3e} \cdot i_{3e}} = \cos \varphi_3 = 0{,}866 \quad \ldots \quad (125)$$

Dann wird nach (122) der netzseitige Verschiebungsfaktor:

$$\cos \varphi_0 = \frac{0{,}866}{\sqrt{(0{,}866)^2 + (1{,}15)^2}} = 0{,}6\,(\sim 0{,}7 \cdot \cos \varphi_3) \quad \ldots \quad (126)$$

und nach Gl. (123) mit (125) der Grundschwinganteil der Netzströme:

$$\frac{(i_{0e})_1}{i_{3e}} = \frac{1}{3} \cdot \left(\frac{l_{0e\,\mathrm{Wirk}}}{u_{3e} \cdot i_{3e}}\right) \frac{1}{\frac{u_{0e}}{u_{3e}} \cdot \cos \varphi_0} = \frac{1}{3} \cdot 0{,}866 \cdot \frac{1}{\frac{1}{0{,}866} \cdot 0{,}6} = 0{,}41 \qquad (127)$$

Wenn wir aus Gl. (115) den effektiven Netzstrom entnehmen, so ergibt sich für den Grundschwingungsgehalt:

$$g_0 = \frac{(i_{0e})_1}{i_{0e}} = \frac{\left(\dfrac{(i_{0e})_1}{i_{3e}}\right)}{\left(\dfrac{i_{0e}}{i_{3e}}\right)} = \frac{0{,}41}{0{,}46} = 0{,}89 \quad \ldots \ldots \quad (128)$$

Dieser Wert führt ebenfalls zum netzseitigen Leistungsfaktor:

$$\lambda_0 = g_0 \cdot \cos \varphi_0 = 0{,}89 \cdot 0{,}60 = 0{,}53 \quad \ldots \ldots \quad (129)$$

Abschließend seien die als Beispiel bestimmten Werte nochmals zusammengestellt:

Einphasenseite:

Strom	Spannung	Scheinleistung	Verschiebungsfaktor Leistungsfaktor
$i_{3e} = 1$	$\dfrac{u_{3e}}{u_{2e}} = 0,87$	$i_{3e} \cdot \dfrac{u_{3e}}{u_{2e}} = 0,87$	$\cos \varphi_3 = 0,87$ $\lambda_3 = 1$

Drehstromseite:

Strom	Spannung	Scheinleistung	Verschiebungsfaktor Leistungsfaktor
$\dfrac{i_{0e}}{i_{3e}} = 0,46$	$u_{0e} = u_{2e} = 1$	$3\,u_{0e} \cdot \dfrac{i_{0e}}{i_{3e}} = 1,38$	$\cos \varphi_0 = 0,60$
$\dfrac{(i_{0e})_1}{i_{0e}} = 0,89$		$\dfrac{3\,u_{0e} \cdot i_{0e}}{i_{3e} \cdot u_{3e}} = 1,58$	$\lambda_0 = 0,53$

$$\dots \quad (130)$$

Die verhältnismäßige Spannung auf der Einphasenseite ist hierin, was hier nochmals betont sei, nicht gleich 1, sondern 0,87 (trotzdem die Sekundärspannung des Transformators gleich der Netzspannung ist), weil der Umrichter nicht voll ausgesteuert werden kann und eine minimale Zündverzögerung von $\alpha_{\min} = 30^0$ gewählt wurde, wodurch die Spannung um den Faktor $(\cos\alpha)_{\max} = 0,87$ kleiner wird. Praktisch kann dieser Winkel zwischen 20 und 30^0 liegen. Die Phasennacheilung auf der Einphasenseite φ_3 wurde auch zu 30^0 gewählt. Praktisch wird dies der günstigste Fall sein, und es ist mit φ_3 bis zu 45^0 zu rechnen entsprechend $\cos \varphi_3 = 0,707$. Dabei werden Verschiebungsfaktor und Leistungsfaktor auf der Drehstromseite annähernd mit $\cos \varphi_3$ kleiner.

Die Leistungsverhältnisse auf der Drehstromseite lassen sich wesentlich verbessern, wenn man auch auf der niederfrequenten Seite auf Mehrphasenstrom übergeht. Es läßt sich dadurch erreichen, daß sich die Oberschwingungen und Unterschwingungen auf der Netzseite aufheben, wenn man die niederfrequente Seite als aus einphasigen phasenverschoben arbeitenden Einzelumrichtern bestehend betrachtet. Dadurch kann der Grundschwingungsgehalt auf der höherfrequenten Seite nahe auf 1 gebracht werden, und der Leistungsfaktor wird gleich dem Verschiebungsfaktor; dieser ändert sich aber nicht gegenüber dem einphasigen Betrieb. Es läßt sich beispielsweise denken, daß ein Bahnnetz in verschiedene unabhängige Abschnitte zerlegt wird, die von Umrichtern mit verschiedener Phasenlage der Einphasenspannung gespeist werden.

Wir haben die Behandlung der Stromverhältnisse auf der Netzseite durchgeführt unter der Annahme unendlicher Phasenzahl auf der Sekundärseite des Umrichtertransformators. Praktisch wird mit 12 oder 24 Phasen zu rechnen sein. Die wirklichen Netzströme werden bei diesen endlichen Phasenzahlen einen treppenförmigen Verlauf haben, der sich dem in Bild 63 und 64 konstruierten Verlauf anschmiegt. Grundsätzlich bleiben alle Überlegungen über den Wirk- und Blindstromanteil und den Grundschwingungsgehalt auf der Drehstromseite erhalten. Die zahlenmäßigen Abweichungen sind ebenso gering, wie für den gesteuerten Gleichrichter beim Übergang von 12 Phasen auf unendliche Phasenzahl. Sie betragen nur wenige Prozent.

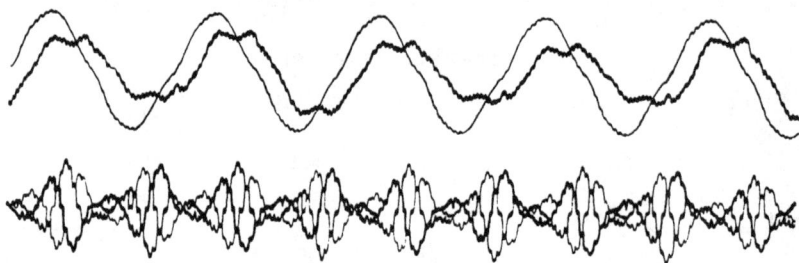

Bild 68. Einphasenspannung und Einphasenstrom (oben) sowie Netzströme auf der Drehstromseite (unten) eines Steuerumrichters.

So zeigt uns Bild 68 die Stromspannungsverhältnisse eines Steuerumrichters im praktischen Betrieb bei Speisung eines Bahnnetzes gemeinsam mit umlaufenden Maschinen. Wir sehen oben die Einphasenspannung und etwa 40° nacheilend den Einphasenstrom. Dieser ist stark verzerrt infolge Sättigung der Lokomotivumspanner. Unten sind die drei Drehstromnetzströme wiedergegeben. Es handelt sich um eine zwölfphasige Schaltung, und wir sehen, daß die Netzströme grundsätzlich den für sehr große Phasenzahl konstruierten Strömen nach Bild 63 und 64 folgen. Man vergleiche z. B. den in Bild 68 unten stärker geschriebenen Strom mit Bild 63 unten.

e) Regelbedingungen.

Die abgegebene Spannung u_3 des Umrichters läßt sich in bekannter Weise durch Siebkreise glätten bzw. sinusförmig gestalten. Man wird zunächst die Induktivität der Ausgleichsdrosselspule (Bild 55) so hoch wählen, daß sie zwar keinen zu großen Spannungsabfall für den niederfrequenten Strom verursacht, aber die überlagerten höherfrequenten Wechselströme wirksam abdrosselt. Dabei ist zu beachten, daß z. B. bei 12 Phasen diese im Mittel 36fache Frequenz gegenüber dem Einphasenstrom haben. Eine weitere Glättung der Ausgangsspannung erreicht man durch Parallelschaltung abgestimmter Schwingkreise zum Verbraucher, die für einzelne Oberschwingungen im Strom, die noch von der Ausgleichsdrosselspule durchgelassen werden, einen Kurzschluß bedeuten. Dadurch erscheint die zugehörige Oberwellenspannung auch nicht mehr in der Ausgangsspannung.

Speist der Umrichter das Einphasennetz allein, so ist seine Leistungsaufnahme von der Belastung dieses Netzes bestimmt. In diesem

Falle dient die Regelbarkeit der Umrichterspannungshöhe durch Änderung des niederfrequenten Anteiles in der Gitterspannung nur zum Ausgleich der Spannungsabfälle. Dabei wird dieser Anteil einem gesonderten kleinen Umformer entnommen.

Speist dagegen der Umrichter ein vorhandenes Einphasennetz, das noch von anderen Stromquellen gespeist wird, so besteht durch Regelung der Höhe und Phasenlage der Spannung die Möglichkeit, die Lastabgabe des Umrichters zu regeln [27]. In Bild 58 ist die dazu notwendige Regelung der Gitterspannung der Steuereinrichtung schematisch angedeutet. Durch den Drehtransformator T_2 läßt sich die Phasenlage des niederfrequenten Anteiles der Gitterspannung des Hilfsrohres H ändern und damit ändert sich auch die Phasenlage der erzeugten inneren Einphasenspannung. Mit Hilfe des Spannungsteilers S läßt sich die Höhe der niederfrequenten Gitterspannung von H verändern und damit auch die Höhe der erzeugten inneren Einphasenspannung des Umrichters. Innere Umrichterspannung und niederfrequenter Anteil der Gitterspannung der Steuerröhren sind phasengleich und in der Größe proportional. Voreilung der inneren Spannung gegenüber der Einphasennetzspannung bedeutet, sofern die inneren Widerstände vorwiegend induktiv sind, eine Erhöhung der Wirkstromabgabe. Entsprechend führt eine Erhöhung der inneren Spannung zur Blindstromabgabe. Das kann man leicht am Vektordiagramm nach Bild 69 übersehen. Der

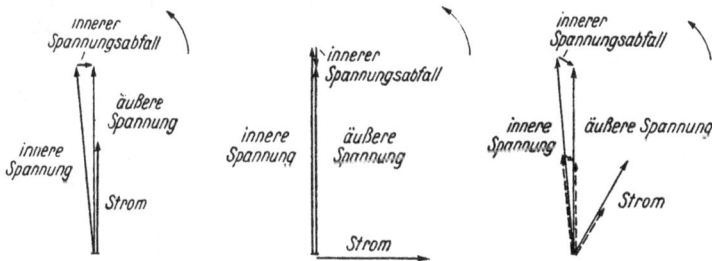

Bild 69. Zur Veranschaulichung der Regelung der Lastaufnahme des Steuerumrichters.

Wirkstrom verursacht einen um 90^0 nacheilenden Spannungsabfall, so daß die innere Spannung, wie das linke Vektordiagramm zeigt, voreilen muß. Andererseits bewirkt ein Blindstrom einen um 180^0 gegen die äußere Spannung nacheilenden Spannungsabfall, wie das mittlere Diagramm zeigt, so daß die innere Spannung ohne Phasenänderung erhöht werden muß. Das Vektordiagramm kann auf den Umrichter unmittelbar angewandt werden, wenn der innere Spannungsabfall vorwiegend an den in den Kathodenleitungen nach Bild 55 angeordneten Drosselspulen zur Begrenzung der Ausgleichsströme liegt. Aber auch die inneren Spannungsabfälle infolge der Umschaltvorgänge beim Übergang des Stromes von Anode zu Anode haben induktiven

9*

Charakter. Somit besteht eine sehr einfache Regelmöglichkeit für die Umrichterbelastung.

Das rechte Vektordiagramm zeigt uns die Verhältnisse bei 30° nacheilendem Strom. Praktisch ist mit 30 ÷ 45° Nacheilung zu rechnen.

Gestrichelt ist hier ferner eingezeichnet, wie die Verhältnisse liegen, wenn die Einphasennetzspannung um die Hälfte absinkt, bei unveränderter Einstellung des Reglers. Da der Regler an das Einphasennetz angeschlossen ist, nimmt die innere Umrichterspannung proportional mit dieser Spannung ab. Daher nimmt gleichzeitig der Strom ebenfalls proportional ab, d. h. also bei konstanter Reglereinstellung ist die Kennlinie, Belastungsstrom-Einphasennetzspannung, eine Gerade. Das bedeutet vor allem für den Kurzschlußfall, daß der Strom entsprechend der Abnahme der Netzspannung auf die Restspannung absinkt, und der Umrichter nur einen Kurzschlußstrom aufnimmt, der weit kleiner ist als der Belastungsstrom. Dieses Verhalten ist im Bahnbetrieb bei häufigen Streckenkurzschlüssen von großem Vorteil.

Es ist verständlich, daß man durch Verbindung irgendeines der bekannten Regler mit dem Spannungsteiler S oder dem Drehtransformator T_2 in Bild 58 jede beliebige Stromspannungskennlinie des Einphasennetzes bzw. Belastungskennlinie des Umrichters erreichen kann.

Der Umrichter steht im Wettbewerb mit dem asynchronen Netzkupplungsformer mit umlaufenden Maschinen. Dieser Umformer umfaßt als Hauptmaschinen einen einphasigen Synchrongenerator, der das niederfrequente Bahnnetz speist und damit gekuppelt den Asynchronmotor, der an das Drehstromnetz 50 Hz angeschlossen ist. Zum Synchrongenerator gehört eine Gleichstromerregermaschine und zum Asynchronmotor eine Drehstromerregermaschine mit Frequenzwandler. Die Leistungsabgabe wird unabhängig von der Frequenz durch Änderung der dem Läuferkreis des Asynchronmotors aufgedrückten Spannungen geregelt.

Gegenüber dem umlaufenden Umformer hat der Umrichter den Vorteil höheren Wirkungsgrades und bei einfacher Regelmöglichkeit ist der Reglerkreis unabhängig von Schwankungen des Frequenzverhältnisses. Beim umlaufenden Umformer dagegen ist die Größe der Drehstromerregermaschine bedingt durch den Höchstwert der Frequenzschwankungen bzw. der Änderung des Frequenzverhältnisses der gekuppelten Netze.

Der umlaufende Umformer hat dagegen Vorzüge in Hinblick auf die Belastung des Drehstromnetzes. Die Schwankungen der Augenblicksleistung auf der Einphasenseite übertragen sich nicht auf die Drehstromseite, da die Schwungmassen der Maschinen als Puffer wirken. Das gilt auch für stoßweise Belastung der Einphasenseite. Außerdem sind die Ströme auf der Drehstromseite ohne Verzerrungsanteil, und es läßt sich $\cos \varphi_0 = 1$ einstellen. Das kann beim Umrichter nur durch zusätzlichen Aufwand an Kondensatoren und Schwingungskreisen erreicht werden. Schließlich ist auch die Einphasenspannung des umlaufenden Umformers sinusförmig, während beim Umrichter auch hier durch Kondensatoren und Schwingungskreise die Sinusform erzwungen werden muß.

Wir haben uns bei der Betrachtung des Steuerumrichters an den praktisch wichtigsten Fall der Bildung einer Einphasenspannung von etwa $1/3$ Drehstromfrequenz angeschlossen. Dabei brauchte das Frequenzverhältnis nicht starr, sondern konnte gleitend sein; beispielsweise sind bei Speisung eines Bahnnetzes Frequenzschwankungen von $\pm 3\%$ zu erwarten.

Es ergibt sich nun die Frage, für welche Verhältnisse der Frequenz des speisenden Netzes zu der des gespeisten Netzes der Steuerumrichter geeignet ist.

Die Bildung der Einphasenspannung hat uns Abb. 57 veranschaulicht. Eine Änderung des dort gewählten Frequenzverhältnisses bedeutet eine Änderung der Frequenz des niederfrequenten Anteiles der Steuerspannung, der in Abb. 57 mit $\cos x_{\max} \cdot \cos\left(\dfrac{wt}{3} + \dfrac{\psi}{3}\right)$ bezeichnet ist. Es ist aus der Abb. 57 unmittelbar zu übersehen, daß eine Abnahme der Frequenz keine grundsätzliche Änderung der Betriebsweise mit sich bringt. Der Umrichter gibt schließlich konstante mittlere Spannung ab. Der Spannungsverlauf entspricht der einer Gleichrichter-Wechselrichterschaltung mit der Zündverzögerung x bzw. Zündverfrühung $\gamma = \alpha$ nach Abb. 56 rechts oben bzw. unten.

Anders liegen die Verhältnisse, wenn die Frequenz des niederfrequenten Anteils der Steuerspannung in Abb. 57 erheblich gesteigert wird. Nehmen wir an, dieser Anteil würde bis in die Nähe der Drehstromnetzfrequenz kommen. Dann ergibt sich, daß der absteigende Ast der gebildeten Spannungskurve vom positiven zum negativen Höchstwert einer Phasenspannung folgt, während der ansteigende Ast durch eine Zackenlinie, bestehend aus Ausschnitten der aufeinanderfolgenden Phasenspannungen, gebildet wird.

Wenn nun die Frequenz noch weiter gesteigert werden soll, über die Drehstromnetzfrequenz hinaus, so muß die höchste Aussteuerung, die ja durch $\cos \alpha_{\max}$ gekennzeichnet wurde, herabgesetzt werden. Für den absteigenden Ast der Einphasenspannungskurve kann dann nur ein Ausschnitt aus dem Verlauf einer Phasenspannung vom positiven zum negativen Höchstwert gewählt werden, der symmetrisch zum Nulldurchgang liegt. Das bedeutet aber eine Abnahme des netzseitigen Verschiebungsfaktors. Daher ist der Steuerumrichter auf einen Bereich eingeschränkt, in dem die Frequenz des gespeisten Netzes unterhalb der des speisenden liegt. Diese Einschränkung besteht, wie wir gesehen haben, für den Umrichter mit Gleichstromzwischenkreis zur Übertragung von Wirkleistung nicht.

Aber auch für die Kupplung von Drehstromnetzen nahezu gleicher, aber unabhängig voneinander gehaltener Frequenz kommt der Steuerumrichter weniger in Frage, denn bei flachem Schnitt der beiden Steuerspannungsanteile wird die Steuerung unsicher.

Daher ist die Stromversorgung elektrischer Wechselstrombahnen mit Niederfrequenz das Hauptanwendungsgebiet des Steuerumrichters.

B. Die Stromrichtermaschine.

a) Ersatz des Kommutators einer Gleichstrommaschine durch Stromrichtergefäße.

Die Auffassung des Stromrichters als trägheitsloses Schaltgerät führt dazu, ihn überall da einzusetzen, wo Schaltvorgänge großer Häufigkeit verlangt werden. So ist man auch daran gegangen, den Kommutator einer Gleichstrommaschine, der als Vielfachschalter aufgefaßt werden kann, durch Stromrichter zu ersetzen. Das Ziel ist dabei, einen kommutatorlosen Motor zu gewinnen, der die guten Eigenschaften der Gleichstrommaschine in bezug auf Regelbarkeit und Belastbarkeit aufweist, und zugleich unmittelbar an Drehstrom angeschlossen werden kann, indem die Stromrichter zugleich mit dem Ersatz des Kommutators die Aufgaben des Gleichrichters bzw. Wechselrichters übernehmen sollen.

Wir beschäftigen uns zunächst mit dem Ersatz des Kommutators der Gleichstrommaschine. Bild 70 zeigt uns links das bekannte

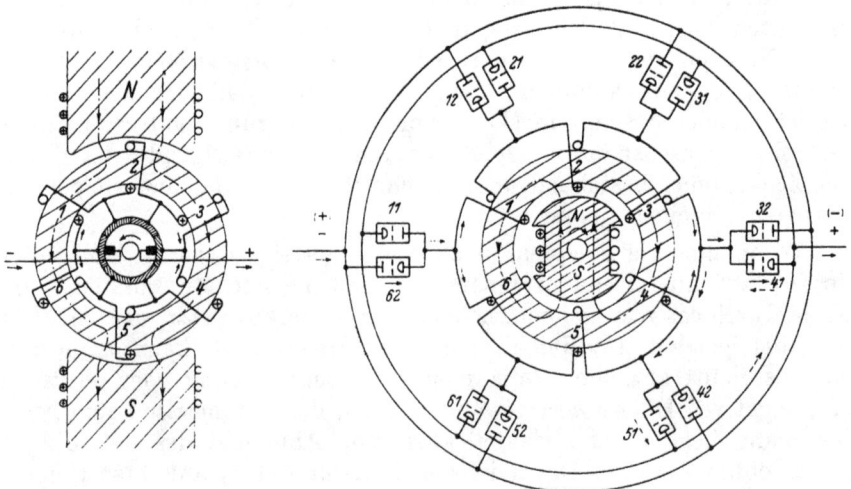

Bild 70. Ersatz des Kommutators einer Gleichstrommaschine (links) durch einanodige Stromrichter (rechts).

Schema einer Gleichstrommaschine, und zwar der Übersichtlichkeit halber mit Ringanker, auf dem sechs Spulen verteilt sind. Die Maschine soll zunächst als Generator betrieben werden. In jeder Spule des Ringankers möge bei einem Umlauf im Magnetfeld eine sinusförmige Spannung induziert werden. Die sechs Spannungen sind in Bild 71 oben als u_1 bis u_6 gezeichnet. Bild 70 zeigt uns, daß für die Spannung zwischen den Bürsten immer drei Spulen in Reihe liegen und zwei solche Reihen parallel. Wir brauchen nur den oberen Zweig zu betrachten, da im unteren Zweig die gleiche Summenspannung gebildet wird. Der Kommutator hat in bezug auf den oberen Zweig bei der gezeichneten Lage die Aufgabe jede Spule so lange im oberen Zweig eingeschaltet zu lassen, als die positive Halbwelle der Spulenspannung andauert.

Der in Bild 70 links gezeichneten Lage entspricht die strichpunktierte Schnittlinie in Bild 71 oben. Die Spule 3 ist gerade in den oberen Zweig eingeschaltet, ihre Spannung entspricht dem Anfang der positiven Halbwelle. Spule 2 befindet sich mitten im oberen Zweig, ihre Spannung entspricht dem Höchstwert der positiven Halbwelle. Nach einer Drehung des Ankers um 30° in Pfeilrichtung wird Spule 1 in den unteren Zweig eingeschaltet, und Spule 4 tritt in den oberen Zweig ein. Das bedeutet in Bild 71 eine Verschiebung der strichpunktierten Linie nach rechts bis zum Nulldurchgang von u_4. Wenn wir noch annehmen, die Umschaltung geschieht in unendlich kurzer Zeit genau im Nulldurchgang der Spulenspannungen, so ist die gesamte Spannung zwischen den Bürsten die Summe der positiven Halbwellen der sechs Spulenspannungen, die in Bild 71 oben stark hervorgehoben sind; dies ist eine wellige Gleichspannung doppelter Spitzenhöhe, die der Spannung eines sechsphasigen Gleichrichters entspricht. (Praktisch ist die Spannung einer Gleichstrommaschine viel weniger wellig infolge der viel größeren Anzahl von Spulen und Kommutatorelementen.) Durch Verschiebung der Bürsten aus der neutralen Lage nach Bild 70 links besteht die Möglichkeit, die Umschaltung zu verzögern oder zu verfrühen.

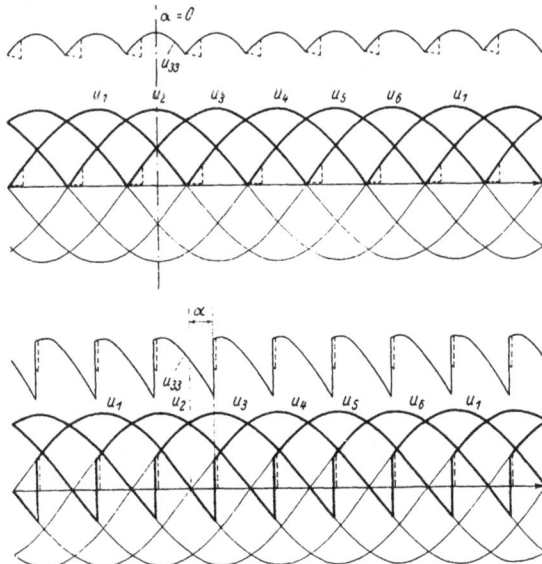

Bild 71. Spannungsverhältnisse der Maschine nach Bild 70 ohne und mit Bürstenverschiebung bzw. Zündverzögerung.

Eine Verschiebung in Drehrichtung bedeutet Verzögerung; die Umschaltung der Spulen geschieht dann erst nach dem Nulldurchgang der Spannung. Bild 71 zeigt uns unten, daß zur Bildung der Spannung im oberen Zweig ein anderer Teil aus der Wechselspannung der Spule herausgegriffen wird. Es ergibt sich eine Gesamtspannung mit größerer Welligkeit und vermindertem Mittelwert. Es ergeben sich Spannungsverhältnisse übereinstimmend mit denen eines gesteuerten Gleichrichters.

Bild 70 zeigt uns nun rechts, wie der Kommutator durch einanodige Stromrichtergefäße ersetzt wird. Zuerst muß das Magnetsystem in den Rotor verlegt werden und die Ringwicklung in den Ständer, um den Anschluß der Stromrichtergefäße zu ermöglichen. Da ferner nach Bild 70 links die Verbindungsleitung zweier Spulen durch das zugehörige Kommutatorelement sowohl mit der (+)-Bürste als mit der (—)-Bürste verbunden wird unter gleichzeitiger Richtungsumkehr des Stromes, so werden in Bild 70 rechts an jede Verbindungsleitung zwei Stromrichter für je eine Stromrichtung angeschlossen, die mit der (+)- bzw. (—)-Klemme bzw. den entsprechenden Ringleitungen verbunden sind. So erweisen sich zwölf Stromrichtergefäße als notwendig, um den Kommutator mit sechs Segmenten zu ersetzen. Die einzelnen Stromrichter müssen nun so gesteuert werden, daß die Stromzuführung zur Ringwicklung mit dem Magnetsystem umläuft.

Bei dem in Bild 70 rechts gezeichneten Zustand sind die Stromrichter 41 und 62 stromführend. Bei weiterer Drehung des Magnetsystems wird 62 durch 12 und 41 durch 51 abgelöst. Betrachten wir einmal den Übergang des Stromes von 41 auf 51 näher. Der Stromrichter 51 habe zuerst negative Gitterspannung und werde im gewünschten Zeitpunkt durch positiven Gitterspannungsstoß gezündet. Das ist möglich sowie die Spannung an 51 positiv geworden ist im Sinne der Stromrichtung von 51. Das ist in Bild 70 rechts nach einer Drehung der Magneten um 30⁰ in der Umlaufrichtung der Fall. Dann beginnt die positive Halbwelle der Spannung der Spule 4, positiv im Sinne der Stromrichtung von 51. Die Zündung von 51, solange 41 noch stromführend ist, bewirkt einen Kurzschluß der Spule 4; es ergibt sich ein Kurzschlußstrom entgegen der Richtung von 41 und in Richtung von 51, der mit gestrichelten Pfeilen angedeutet ist. Dieser Strom überlagert sich dem Hauptstrom über 41 und bringt diesen auf Null, wodurch die Umschaltung beendet ist, da gleichzeitig 51 den vollen Strom übernommen hat. Als treibende Spannung für diesen Strom wirkt die innere Spannung der Spule 4, die den Spannungsabfall am ohmschen und induktiven Widerstand von 4 und im Kreis zu überwinden hat.

Dieser Umschaltvorgang entspricht dem uns immer wieder begegneten Umschaltvorgang in Gleichrichter- und Wechselrichterschaltungen. Dort bewirkt die Differenzspannung aufeinanderfolgender Phasen des Stromrichtertransformators den Umschaltstrom, wie hier die Spulenspannung. Während des Umschaltvorganges ist die Spannung der Spule 4 kurzgeschlossen und fällt deshalb bei Bildung der Gesamtspannung fort. Das drückt sich in Bild 71 oben in den gestrichelt gezeichneten Abschnitten zu Beginn jeder positiven Halbwelle und den entsprechenden Teilen der Gesamtspannung aus. Dasselbe ist natürlich auch bei der Umschaltung mittels Kommutator nach Bild 70 links der Fall, da ja praktisch mit endlicher Bürstenbreite zu rechnen ist und dann die Bürste über kurze Zeit zwei Segmente verbindet. Nur ist man in diesem Falle nicht gezwungen, den Beginn der Umschaltung mit dem Beginn der positiven Halbwelle zusammenfallen zu lassen, wenngleich die Stromverhältnisse auch dadurch günstiger werden. Bei der Umschaltung durch den Kommutator kommt noch die Veränderlichkeit des Bürstenübergangswiderstandes hinzu, da sich die Auflagefläche auf der abgleitenden Lamelle verringert und auf der auflaufenden vergrößert; dadurch ändert sich der Verlauf des Umschaltstromes gegenüber dem betrachteten Vorgang für die Stromrichter.

Da die Umschaltung der Stromrichter in festem Zusammenhang mit der Bewegung des Magnetsystems steht, so muß sie davon abhängig gemacht werden. Man gibt beispielsweise den Gittern aller Stromrichter negative Vorspannung und legt damit in Reihe eine Spule, in der ein positiver Spannungsstoß induziert wird durch einen kleinen Hilfsmagneten, der auf der gleichen Achse wie der Hauptmagnet angeordnet ist. Diese Stoßspulen sind in der Ebene des Hilfsmagneten so auf dem Umfang verteilt, daß die Zündstöße im gewünschten Umschaltzeitpunkt auftreten.

Entsprechend der Bürstenverschiebung der Kommutatormaschine läßt sich die Zündung der Stromrichter verzögern (Verfrühung ist bei vorgegebener Stromrichtung nicht möglich, da immer positive Zündspannung verlangt wird), und es ergeben sich dann Spannungsverhältnisse, wie in Bild 71 unten. Man hat also die Möglichkeit, die Spannung dadurch zu regeln, wobei gleichzeitig die Welligkeit zunimmt. Der Strom wird genau wie beim Gleichrichter durch eine Drosselspule geglättet.

Will man einen Gleichstromgenerator nach Bild 70 links als Motor betreiben, so kann man im einfachsten Fall die Stromrichtung ändern. Wenn der Gleichstromgenerator in ein Gleichstromnetz speist, so geschieht das beispielsweise durch Ausschalten des Generatorantriebes. Dadurch sinkt die Drehzahl der Gleichstrommaschine und damit die Spannung unter die des Gleichstromnetzes, so daß die Maschine jetzt Strom aufnimmt.

Bei der Stromrichtermaschine nach Bild 70 rechts liegt im Gegensatz dazu die Stromrichtung im äußeren Kreis fest durch Anschluß der Kathoden und Anoden der Stromrichter an je einen Leitungsring. Hier muß bei Übergang auf Motorbetrieb im äußeren Kreis die Spannung umgepolt werden. (Wir werden unten sehen, daß dies bei Anschluß der

Maschine über einen direkten oder versteckten Gleichrichter an das Drehstromnetz in einfacher Weise durch die Steuerung des Gleichrichters möglich ist.) Wenn wir die Drehrichtung der Maschine beibehalten wollen, so bleibt die innere Spannung in gleicher Richtung bestehen. Daher muß in der Wicklung der Maschine die Stromrichtung umgekehrt werden. Das ist nun durch die Drehung der Steuereinrichtung sozusagen um 180° in einfacher Weise möglich. Dann wird nämlich bei der in Bild 70 gezeichneten Stellung der Strom der Maschine nicht über den Stromrichter 62 zugeführt, sondern über den um 180° verschoben angeschlossenen Stromrichter 32 und entsprechend über 11 an Stelle von 41 abgeführt. Ersichtlich wird dadurch die Stromrichtung in der Maschine gewechselt, bei gleichbleibender Drehrichtung bleibt die Spannung der einzelnen Spulen gleich, die Maschine geht in Motorbetrieb über. Diese Drehung der Steuerung und damit der Stromzuführung um 180° können wir uns auch entstanden denken durch allmähliche Steigerung der Zündverzögerung, vom Generatorbetrieb ausgehend. Bild 72 zeigt uns im Anschluß an Bild 70, wie sich dadurch die Spannung allmählich umkehrt, die Spannung zwischen den Leitungsringen des Bildes 70 rechts, bis die eingeklammerte Polarität erreicht ist. Wie wir bei Generatorbetrieb die Wirkungsweise auch besonders im Hinblick auf den Umschaltvorgang mit einem Gleichrichter vergleichen konnten, so zeigt uns Bild 72, daß bei Motorbetrieb die Wirkungsweise mit der eines Wechselrichters übereinstimmt. Die Zündverzögerung kann genau wie beim Wechselrichter nicht auf volle 180° gesteigert werden, weil dann die Umschaltung nicht mehr möglich ist. Die Umschaltung beispielsweise von 41 auf 51 ist nur im Bereich der positiven Halbwelle der

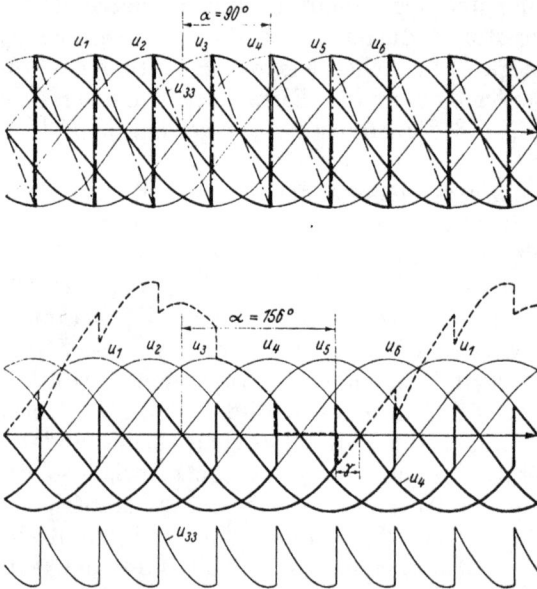

Abb. 72. Spannungsverhältnisse der Maschine nach Bild 70 bei Übergang auf Wechselrichterbetrieb.

Spannung von Spule 4 möglich. Bild 72 läßt uns erkennen, daß dieser Bereich mit dem für die Zündverzögerung $0 < x < 180°$ zusammenfällt.

Nach den Bildern 71 und 72 könnte man meinen, daß es sich hier um drei in Reihe geschaltete phasenverschoben arbeitende Zweiphasengleichrichter handelt. Im Unterschied dazu geschieht hier das Abschalten der Spannung u_1 aus dem betrachteten Stromzweig und das Einschalten von u_4 nicht über den gleichen Umschaltvorgang, sondern durch zwei getrennte Umschaltvorgänge. Und dementsprechend steht auch als Umschaltspannung nur die Spannung u_1 oder u_4 und nicht die Differenz $u_4 - u_1$ zur Verfügung.

Die Umschaltspannung muß im Bereich positiver Spannung genügend weit von dessen Ende liegen, damit für das gelöschte Gefäß beispielsweise 41 in Bild 70 noch ein Bereich negativer Spannung zur Entionisierung übrigbleibt. Verfolgen wir beispielsweise den Spannungsverlauf am Stromrichter 41 in Bild 70 für die Zündverzögerung von Bild 72 unten. Dieser Verlauf ist dort gestrichelt eingezeichnet. Nach erfolgter Löschung durch Zündung von 51 liegt an 41 die Spannung $- u_4 = u_1$; diese Spannung wird ersichtlich beim folgenden Nulldurchgang von u_4 positiv, so daß nur die Zeit entsprechend dem eingezeichneten Winkel γ zur Entionisierung zur Verfügung steht. In den folgenden Abschnitten wird diese Spannung durch $- u_4 - u_5$, dann durch $- u_4 - u_5 - u_6$, $- u_4 - u_5 - u_6 - u_1$ und schließlich durch $- u_4 - u_5 - u_6 - u_1 - u_2 = u_3$ gebildet, in dem Maße, wie die Spulen 5, 6, 1 und 2 in den oberen Stromzweig eintreten. Wir sehen, daß diese Spannung entsprechend dem Wechselrichtercharakter der Betriebsweise vorwiegend im Positiven liegt. Damit ist für die in Bild 70 angenommene Drehrichtung der Generator- und Motorbetrieb als möglich erwiesen, allerdings unter der Voraussetzung, daß die äußere Spannung umgepolt werden kann.

Die Schaltung läßt aber ebensogut einen Generator- und Motorbetrieb bei umgekehrter Drehrichtung zu. Das ist nur eine Frage der Einstellung der Steuerung. Nehmen wir für Bild 70 Umkehrung der Drehrichtung an, so muß für Generatorbetrieb auch die Stromrichtung umgekehrt werden. Das bedeutet für die gezeichnete Stellung, daß der Strom über das Gefäß 11 austritt und über das Gefäß 32 zurückfließt. An der Polarität im äußeren Kreise ändert sich dabei nichts. Der Übergang auf Motorbetrieb für die neue Drehrichtung erfolgt entsprechend der obigen Betrachtung und bedeutet ebenfalls Umkehr der Polarität im äußeren Kreis und Übergang auf Wechselrichterbetriebsweise.

Bei der Kommutatormaschine nach Bild 70 links führt eine Änderung der Drehrichtung bei Generatorbetrieb zu einer Spannungs- und Stromänderung im äußeren Kreis. Das steht im Gegensatz zur Stromrichtermaschine, wo sich im gleichen Fall im äußeren Kreis nichts ändert, sondern nur in den Wicklungszweigen und dementsprechend sozusagen der Anschluß des äußeren Kreises an die Maschine gewechselt wird.

Die Stromrichtermaschine nach Bild 70 rechts stellt also eine der Kommutatormaschine nach Bild 70 links gleichwertige Gleichstrom-

maschine dar, die in jeder Drehrichtung als Generator oder Motor betrieben werden kann. Es kommt nur die Bedingung hinzu, daß die
Stromrichtung im äußeren Kreis festliegt und die Spannung beim Übergang von Generator- auf Motorbetrieb umgepolt werden muß. Man
könnte an eine Verwendung der Maschine als Gleichstromhochspannungs-
generator denken, wo diese Bedingung keine Bedeutung hat. Bei der
Verwendung der Maschine für einen Umkehrantrieb ergibt sich von
vornherein, daß sie an das Drehstromnetz angeschlossen werden soll
und dabei läßt sich diese Bedingung zwanglos erfüllen, wie unten gezeigt wird.

Aus Übersichtlichkeitsgründen wurde bei der Darstellung der Maschine in Bild 70 eine Ringwicklung gewählt. Praktisch wird aber die
Trommelwicklung gewählt. Um auf diese überzugehen, haben wir uns
in Bild 70 rechts einfach vorzustellen, daß der hier auf der Außenseite
des Ringes befindlichen Leiter einer Spule bei der Trommelwirkung
auf der gegenüberliegenden Innenseite als Unterstab zurückgeführt wird.
Außerdem füllt natürlich die hier nur mit einem Leiter gezeichnete Spule
den zustehenden Wickelraum, der sich in Bild 70 auf 60⁰ erstreckt, mit
vielen Leitern vollständig aus. Im Gegensatz zur Ringwicklung umfaßt
jede Spule der Trommelwicklung den vollen magnetischen Fluß des Er-
regersystemes.

Um aber die schematische Darstellung weiter zu vereinfachen,
können wir von der Tatsache ausgehen, daß jede Spule eine magnetische
Achse hat. Wir können dann in der Darstellung alle Spulen am Umfang
anordnen entsprechend der Lage ihrer magnetischen Achse. Dadurch
entsteht aus Bild 70 rechts das Bild 73 rechts. Der Durchmesser einer
Spule, der ja bei der Trommelwicklung in Wirklichkeit gleich dem inne-

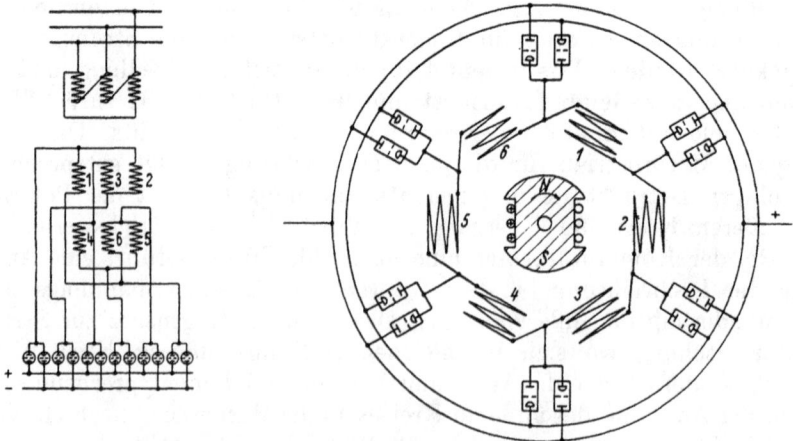

Bild 73. Vergleich zwischen der Stromrichtermaschine (rechts) und einer sechsphasigen Stromrichterschaltung mit sekundärer Ringschaltung (links).

ren Durchmesser des Ringes in Bild 70 wäre, ist dabei auf das für die Zeichnung notwendige Maß verringert.

Die Stromrichtermaschine in der Darstellungsweise nach Bild 73 ist geeignet, unmittelbar die Ähnlichkeit mit einer sechsphasigen Schaltung erkennen zu lassen, die wir an Hand der Bilder 71 und 72 im Verlauf der Spannung feststellen konnten. Sofern die Drehzahl der Maschine der Frequenz des Drehstromnetzes entspricht, kann sie verglichen werden mit der sechsphasigen Gleichrichter-Wechselrichterschaltung nach Bild 73 links. Hier stehen die sechs sekundären Wicklungen eines Drehstromtransformators in Ringschaltung, genau wie bei der Maschine, und von jeder Verbindungsleitung gehen zwei gegensinnig geschaltete Gefäße zu den Gleichstromleitungen. Es ist leicht zu übersehen, daß die Wirkungsweise dieser Schaltung in Gleich- oder Wechselrichterbetriebsweise mit der Maschine nach Bild 73 übereinstimmt. Es ist nur zu beachten, daß bei der Maschine veränderliche Drehzahl veränderliche Frequenz der Spulenspannung bedeutet.

b) Aufbau der Stromrichtermaschine zum Anschluß ans Drehstromnetz.

An diese Betrachtung schließt sich nun die Überlegung an, daß man die Maschine auch entsprechend jeder anderen der bekannten Gleichrichter-Wechselrichterschaltungen ausführen und schalten kann, es ändert sich dann nur die Ausnutzung der Wicklungen und die Welligkeit der Gesamtspannung. Man kann dadurch die Zahl der notwendigen Gefäße herabsetzen und Schaltungen verwenden, die für den Anschluß an Drehstrom geeigneter sind.

Zweckmäßig wählt man bei Verwendung von Einzelgefäßen als Vorbild die Dreiphasenreihenschaltung nach Bild 74 oben, die günstig ist in bezug auf Spannungsabfall, Typenleistung des Transformators und Beanspruchung der Gefäße. Diese Schaltung sei zunächst als Gleichrichter-Wechselrichterschaltung im Anschluß an Drehstrom kurz betrachtet, auch

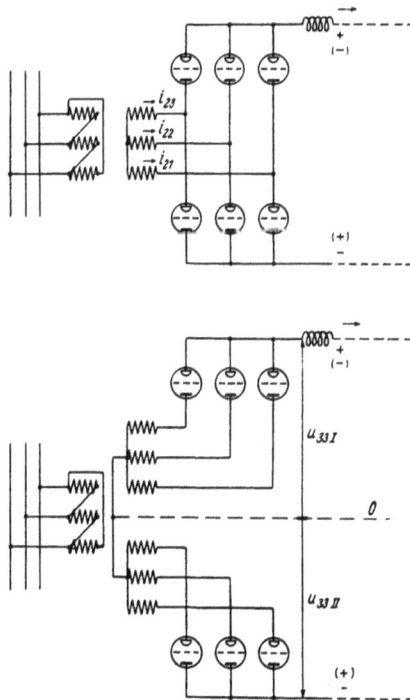

Bild 74. Doppel-Dreiphasenreihenschaltung mit gemeinsamen und getrennten sekundären Wicklungen.

im Hinblick darauf, sie für den Anschluß der Maschine an Drehstrom ebenfalls vorzusehen. Die Schaltung läßt sich auffassen als die Reihenschaltung zweier Dreiphasenschaltungen, wie Bild 74 unten zeigt. Man denkt sich dazu die sekundären Transformatorwicklung in Bild 74 oben in je zwei gleiche aufgeteilt und die neuen Sternpunkte verbunden. Dann ändert sich an den Spannungsverhältnissen für die Gefäße nichts, jedenfalls nicht solange die Umschaltvorgänge der einen Gruppe zu anderen Zeiten als die der anderen stattfinden, was bei normaler Belastung der Fall ist. Demnach muß sich die Wirkungsweise dieser Schaltung auf die der Dreiphasengleichrichter zurückführen las-

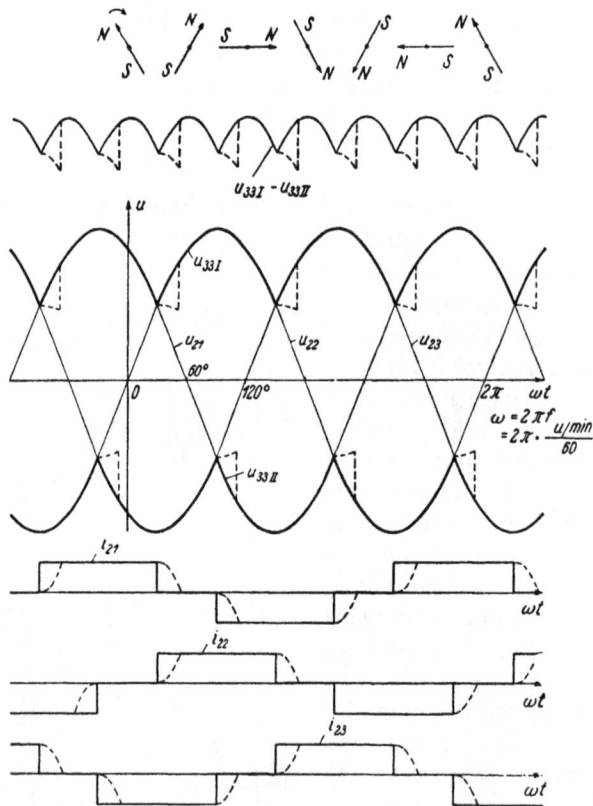

Bild 75. Spannungs- und Stromverhältnisse der Schaltungen nach Bild 74 bei Gleichrichterbetriebsweise und voller Aussteuerung.

sen. Das zeigt uns Bild 75 und 76 für Gleichrichter- und Wechselrichterbetrieb.

Wenn wir die Spannung der beiden Teilgleichrichter auf den gemeinsamen Sternpunkt beziehen, ist bei Gleichrichterbetrieb die mittlere Spannung der oberen Gruppe positiv, wie die stark hervorgehobene

Spannung $u_{33\,\mathrm{I}}$ in Bild 75 zeigt. Die mittlere Spannung der anderen Gruppe ist negativ entsprechend $u_{33\,\mathrm{II}}$ in Bild 75, das durch die negativen Kuppen der gleichen Spannungen gebildet wird. Beide gelten für volle Aussteuerung. Die äußere Gleichrichterspannung ist die Differenz der beiden Dreiphasenspannungen und hat, wie Bild 75 oben zeigt, in der Welligkeit sechsphasigen Charakter, weil die Dreiphasenspannungen phasenverschoben gegeneinander sind. Der Einfluß des Umschaltvorganges ist gestrichelt angedeutet. Die Ablösung der Anoden in der Stromführung erfolgt wie die eines Dreiphasengleichrichters. Der gemeinsame Gleichstrom wird von den einzelnen Anoden der einen Gruppe zu anderen Zeiten übernommen als von den Anoden der anderen Gruppe, so daß sich die Teilgleichrichter in ihrer Betriebsweise nicht stören.

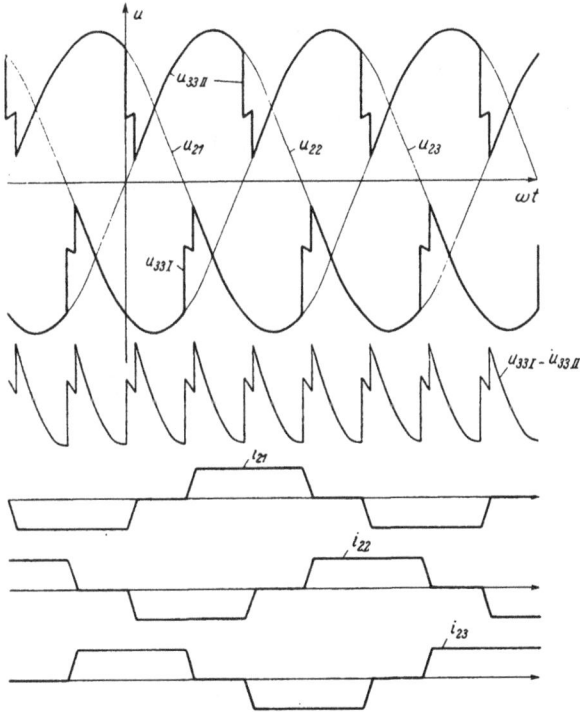

Bild 76. Spannungs- und Stromverhältnisse der Schaltungen nach Bild 74 bei Wechselrichterbetriebsweise.

Bild 76 zeigt nun die Spannungsverhältnisse bei Wechselrichterbetrieb. Dazu muß jeder Teilgleichrichter als Wechselrichter gesteuert werden. Wir sehen in Bild 76 daher die bisher im Positiven verlaufende Spannung $u_{33\,\mathrm{I}}$ jetzt im Negativen und umgekehrt $u_{33\,\mathrm{II}}$ im Positiven. Es sind dies die uns vertrauten Wechselrichterspannungen der Dreiphasenschaltung. Die Summenspannung, die äußere Spannung der Gesamtschaltung, liegt jetzt auch im Negativen. Die Stromrichtung liegt bei beiden Betriebsweisen fest durch die Durchlaßrichtung der Gefäße.

Wenn wir nach dem Vorbild dieser Schaltung die Stromrichtermaschine aufbauen, haben wir abgesehen von der veränderlichen Frequenz gleiche Spannungsverhältnisse zu erwarten. Bild 77 zeigt uns die Schaltung. Wir denken uns zunächst die linke Transformatorschaltung fort und die jeweiligen drei Ringleitungen, die zusammenliegen, in je eine Ringleitung zusammengefaßt, ebenso die an jede Spule ange-

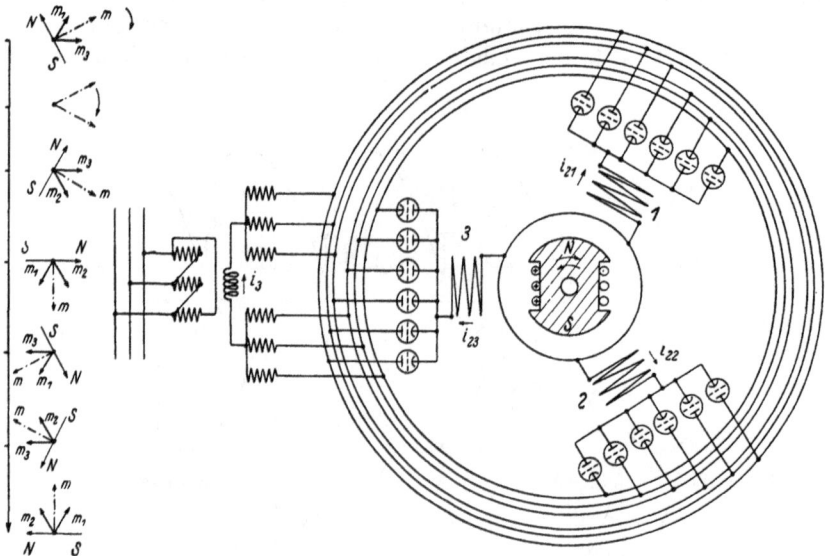

Bild 77. Schaltung der Stromrichtermaschine zum Anschluß an ein Drehstromnetz nach dem Vorbild der Stromrichterschaltung nach Bild 74.

schlossenen sechs Gefäße zu zwei Gefäßen für je eine Ringleitung. Wir haben damit genau die Übertragung der Schaltung von Bild 74 oben auf die Maschine vor uns. Mit einer solchen Schaltung wäre gegenüber Bild 73 die Zahl der Gefäße auf die Hälfte herabgesetzt bei einer schlechteren Ausnutzung der Wicklung. Die Welligkeit der Spannung ist aber die eines Sechsphasengleichrichters geblieben.

Will man nun weiter die Maschine an ein Drehstromnetz anschließen, so wählt man zweckmäßig die Transformatorschaltung nach Bild 74 unten, weil die Verbindungsleitung zwischen den getrennten Sternpunkten die Möglichkeit gibt, eine Drosselspule in den Kreis einzuschalten. Jede der beiden Ringleitungen wird, wie Bild 77 zeigt, in drei Leitungen zerlegt, die mit den drei oberen bzw. den drei unteren sekundären Wicklungen des Transformators verbunden werden. Entsprechend müssen die zu jeder Wicklung gehörenden beiden Gefäße in zwei Gruppen zu je drei für gleiche Stromrichtung aufgeteilt werden. So entsteht die Schaltung einer Stromrichtermaschine in Bild 77, die im Anschluß an ein Drehstromnetz in jeder Drehrichtung als Generator oder als Motor betrieben werden kann.

Die Steuerung der 18 Gefäße geschieht entsprechend der Funktion, die diese haben und die aus der Entstehung der Schaltung gegeben ist. Jedes Gefäß erhält, abgesehen von der negativen Vorspannung, zwei Gitterspannungen in Reihe. Der eine Anteil erzwingt einen Wechsel der Gefäße innerhalb jeder Dreiergruppe entsprechend dem Wechsel der Transformatorwicklungen in der Stromführung. Diese Gitterspannung hat die Frequenz des Drehstromnetzes und ist irgendwie an dieses angeschlossen. Jede Dreiergruppe wird genau als Ganzes wie die Einzelgefäße abhängig von der Bewegung des Magnetsystems der Maschine gesteuert. Dem entspricht der zweite Anteil der Gitterspannung. Bei Generatorbetrieb und Rechtsdrehung der Maschine können wir für die Stromführung der einzelnen Wicklungen das Stromschema in Bild 75 unten zugrunde legen. Wir haben uns nur vorzustellen, daß der Zeitmaßstab von der Umdrehungsgeschwindigkeit abhängt, ebenso wie die Höhe der in den Spulen induzierten Spannung. Der Bereich 0 bis 2π entspricht demnach einer Umdrehung des Magnetsystems. In Bild 75 oben ist die Lage des Magnetsystems angedeutet von 60° zu 60° und damit die Zuordnung von Spannungsverlauf und Lage des Magnetsystems festgelegt. Die Polarität der Spannung hängt vom Anschluß bzw. Wickelsinn der zugehörigen Spule ab. Im Nulldurchgang der Spannung fällt die Achse des Magnetsystems mit der Achse der Spule zusammen. Das trifft beispielsweise bei $\omega t = 60°$ für die Spule 1 zu. In Bild 77 links sind diese Stellungen des Magnetsystems im Zusammenhang mit der Zeitachse wiederholt. Stark ausgezogen sind die Vektoren für den magnetischen Fluß der Spulen in ihrer räumlichen Lage eingezeichnet. Welche Spulen stromführend sind in den aufeinanderfolgenden Zeitpunkten, entnehmen wir dem Stromschema in Bild 75 unten. Bei $\omega t = 60°$ beispielsweise führt die Wicklung 2 positiven Strom und die Wicklung 3 negativen. Demgemäß sind die Vektoren, im zweiten Vektordiagramm von oben, eingezeichnet. Der resultierende Vektor ist strichpunktiert eingezeichnet. Wir sehen, daß dieser im Sinne der Bewegungsrichtung des Ankers umläuft. Er ändert seine Lage sprunghaft, wenn wir vom Umschaltvorgang der Stromrichter absehen, sowie eine Spule eingeschaltet und die andere ausgeschaltet wird. Das ist immer in der Mitte zwischen den Zeitpunkten, für die die räumlichen Diagramme gelten, der Fall. Für $\omega t = 30°$ ist in Bild 77 links oben dieser Sprung angedeutet. Daß hier der Übergang sprunghaft erfolgt, liegt an der Aufteilung der Wicklung in nur drei Teile. Die Besonderheit der Schaltung ermöglicht einen Sprung nur um 60°, trotzdem die Spulen um 120° räumlich versetzt sind. In den gezeichneten Stel-

lungen ist die Lage des resultierenden Spulenfeldes zu dem stetig umlaufenden Magnetsystem des Rotors immer die gleiche. Entsprechend
der angenommenen Generatorbetriebsweise ist das resultierende Magnetfeld im Sinne der Drehrichtung voreilend.

Der Ausgang unserer Betrachtung war der Ersatz des Kommutators einer Gleichstrommaschine durch Stromrichtergefäße. In der
schließlich sich daraus entwickelnden Schaltung nach Bild 77 gewinnt
die Maschine den Charakter eines Synchrongenerators oder Motors, der
eine dreiphasige Spannung veränderlicher Frequenz erzeugt bzw. mit
einem dreiphasigen Strom veränderlicher Frequenz gespeist wird. Die
Übereinstimmung wird vollkommen, wenn wir von den Wicklungsströ-
men der Bilder 75 und 76 nur die Grundwelle betrachten. Denn haben
wir ein Drehstromsystem vor uns, und die Bewegung des resultierenden
magnetischen Vektors entspricht der Bewegung der Achse des Dreh-
feldes. In Weiterführung dieses Gedankenganges können wir die Gesamtschaltung als einen Umrichter mit verstecktem Gleichstromzwischenkreis auffassen, der ein Drehstromnetz fester Frequenz mit einem
Drehstromnetz veränderlicher Frequenz verbindet, das durch die drei
Spulen der Maschine gebildet wird. Das führt dazu, daß wir bereits
behandelte Umrichterschaltungen, beispielsweise die Schaltung in Bild 25,
auf die Stromrichtermaschine übertragen können. Nur gewährleistet
die Schaltung in Bild 77 eine verhältnismäßig gute Ausnutzung der
Maschine.

Es muß noch gesagt werden, daß sich Schwierigkeiten beim Anfahren des Motors ergeben, da in den Wicklungen im Stillstand keine
Spannung induziert wird und daher die notwendige Spannung zur Umschaltung und Entionisierung der Gefäße fehlt. Man begegnet dieser
Schwierigkeit, indem anfangs durch sehr tiefe Aussteuerung der Gleichrichterschaltung lückenhafter Strom erzwungen wird. Damit ist grundsätzlich die Wirkungsweise der Stromrichtermaschine geklärt.

c) Steuerbedingungen.

Es sei abschließend noch kurz die Regelung der Maschine nach Bild 77
bei Verwendung für einen Umkehrantrieb betrachtet. Hierzu können wir
annehmen, es seien Gleichrichter-Wechselrichterschaltungen und Maschinenschaltung getrennt voneinander. Was dann zur Steuerung der Gleichrichter-Wechselrichterschaltung gesagt wird, gilt sinngemäß für den Anteil der Gitterspannung, der die Ablösung der Gefäße jeder Dreiergruppe
unter sich bestimmt. Ebenso gilt das für die Steuerung der Stromrichter
der Maschinenschaltung Gesagte für die Steuerung der einzelnen Dreiergruppen als ganzes genommen.

Ein Stromrichter zündet nur dann, wenn beide Anteile der Gitterspannung positiv sind. Die Steuerung hat folgende beiden Betriebs-
zustände für jede Drehrichtung und Drehzahl zu beherrschen:

Betriebsweise der Gleichrichter-Wechselrichterschaltung	Betriebsweise der Maschine
Gleichrichterbetrieb	Wechselrichter- bzw. Motorbetrieb
Wechselrichterbetrieb	Gleichrichter- bzw. Generatorbetrieb

Zunächst können wir feststellen, daß die Steuerung der Gleichrichter-Wechselrichtergruppe unabhängig von der Drehrichtung der Maschine ist. Wir nehmen an, es stände für jede Betriebsweise eine gesonderte Steuereinrichtung zur Verfügung, mit gemeinsamer Einstellung. Diese Einstellung wird dann eine bestimmte Spannung im Gleichstromzwischenkreis festlegen, und damit wird zugleich die Drehzahl der angeschlossenen Maschine bestimmt. Die Aussteuerung der Stromrichter der Maschinenschaltung ist, als Gleichrichter-Wechselrichterschaltung betrachtet, immer möglichst hoch und feststehend für jede Betriebsweise. Dann gibt die Maschine an den Gleichstromzwischenkreis eine Spannung ab, die der Drehzahl proportional ist, oder umgekehrt, sie muß sich in der Drehzahl der vorgegebenen Spannung des Gleichstromzwischenkreises angleichen. Die Umschaltung der Gleichrichter-Wechselrichterschaltung auf die eine oder andere Betriebsweise kann dann davon abhängig gemacht werden, ob die Maschinenspannung höher oder niedriger als die von der Steuereinrichtung der Gleichrichter-Wechselrichterschaltung vorgegebene Spannung ist; ist sie niedriger, so wird Gleichrichterbetrieb, d. h. Antrieb der Maschine, ist sie höher, so wird Wechselrichterbetrieb, d. h. Abbremsung der Maschine, eingeschaltet.

Bei der Steuerung der Maschinenstromrichter muß außer dem Übergang vom Generator-(Gleichrichter)betrieb auf Motor-(Wechselrichter)betrieb auch der Wechsel der Drehrichtung berücksichtigt werden. Für die an die Spule 1 nach Bild 77 angeschlossenen beiden Dreiergruppen bzw. die beiden Einzelgefäße bei Trennung der Maschinenschaltung, zeigt Bild 78 das Steuerdiagramm im Zusammenhang mit der Bewegung des Magnetsystems der Maschine. Es bedeutet darin 1 + die Dreiergruppe für die Stromrichtung nach Bild 77 und 1 — die Dreiergruppe für die umgekehrter Richtung. Schwarze Ausfüllung des Doppelkreises bedeutet, daß in diesem Bereich die angeschriebene Dreiergruppe positive Gitterspannung erhält und stromführend sein kann, und zwar solange die Spitze des Pfeiles, der das Magnetsystem andeutet, während der Umdrehungsbewegung auf diesen Bereich zeigt. Welcher der drei Stromrichter der Gruppe tatsächlich stromführend ist, entscheidet zusätzlich der Steuerspannungsanteil entsprechend der beschriebenen Steuerung der Gleichrichter-Wechselrichterschaltung.

Wir gehen aus von Rechtslauf und Generatorbetrieb nach Bild 78 links oben. Hierfür hat uns Bild 75 die Zuordnung von Stromführung und Lage des Magnetfeldes gezeigt, die nur auf dieses Schema übertragen werden muß. Wenn die Richtung des Magnetsystems einen rechten Winkel mit der Spulenachse bildet, d. h. gegenüber der gezeichneten Stellung um 60° nach links gedreht ist, ist das Maximum der Spannung und die Mitte des stromführenden Bereiches in positiver Richtung erreicht. Der Bereich ist 120° breit. Der Bereich der Stromführung in negativer Richtung liegt dazu diametral. Unten links sehen wir das Steuerschema für Generatorbetrieb in Linksdrehung. Hier kehrt die Spannung in der Spule ihr Vorzeichen um bzw. wird in der Phase um 180° verschoben und die Stromrichtung wechselt; entsprechend werden die Stromführungsbereiche der beiden Gruppen getauscht.

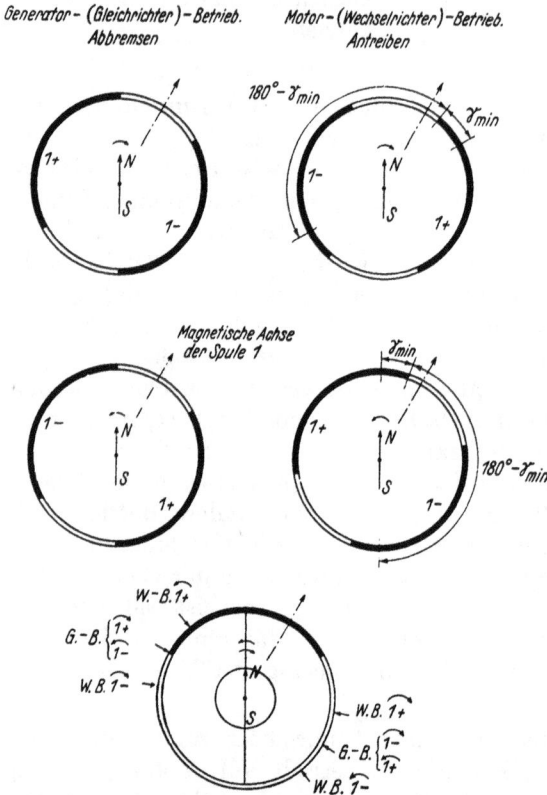

Bild 78. Steuerdiagramm für die Stromrichter im Anschluß an Spule 1 der Stromrichtermaschien nach Bild 77.

Bei Wechselrichter- bzw. Motorbetrieb nach Bild 78 rechts muß, wie wir wissen, die Zündung der Stromrichter um $180°-\gamma_{min}$ verzögert werden, wobei γ_{min} der Mindestentionisierungszeit zuzüglich der Umschaltzeit entspricht. So zeigen die Diagramme rechts die Verdrehung der Kreise in der jeweiligen Drehrichtung des Magnetsystems um $180°-\gamma_{min}$.

Die Stromführungsbereiche für die Stromrichtergefäße im Anschluß an die anderen Spulen sind jeweils um 120° bzw. 240° im Sinne der Drehrichtung verzögert. Die praktische Durchführung der Steuerung nach dem aufgestellten Schema stößt insofern auf Schwierigkeiten, weil nur für eine der beiden Dreiergruppen die Kathoden zusammenliegen und daher eine gemeinsame Steuerung ohne weiteres möglich ist. Es wird dazu in die von den Gittern kommenden drei Steuerleitungen der erste Anteil der Steuerspannung eingeschleift und diese werden dann zu einem Punkt geführt, der über einen ohmschen Widerstand und die negative Vorspannung zur Kathode führt. Das zeigt uns Bild 79 links unten schema-

tisch für die eine Dreiergruppe im Anschluß an Spule
1. An den Widerstand kann
über die Trennungsstelle
(1 —) der zweite gemein-
same Anteil der Gitter-
spannung gelegt werden.

Für die andere Dreier-
gruppe greift die gemein-
same Steuerung, wie Bild 79
rechts oben zeigt, am Sternpunkt des Transformators
an, wo die Kathodenzweige
zusammentreffen. Um die
Transformatorspannungen
in den Gitterspannungen,
gegen Kathode gemessen,
wieder auszukompensieren,
ist in jeden Gitterzweig noch

Bild 79. Gitteranschluß der Stromrichtergruppe 1 der
Stromrichtermaschine nach Bild 77.

einmal die gleiche Transformatorspannung über eine Hilfswicklung auf dem gleichen Schenkel in umgekehrtem Sinne eingeschaltet. So ist es möglich, die gemeinsame Steuerspannung zwischen dem Sternpunkt des Transformators und dem Sternpunkt der Hilfswicklungen wirken zu lassen. Die positive Gitterspannung kann durch Schließen der Unterbrechungsstelle (1 +) an den Widerstand gelegt und damit in den Kreis eingeschaltet werden.

Die Unterbrechungsstellen (1 —) und (1 +) in Bild 79 müssen abhängig von der Bewegung der Maschine geschlossen und geöffnet werden, wie das die Stromführungsbereiche in Bild 78 zeigen.

In Bild 78 unten ist schematisch angedeutet, in welcher Weise das vor sich gehen kann. Wir stellen uns in fester Verbindung mit der Achse der Maschine einen Hilfsschleifring vor, dessen leitender Teil schwarz hervorgehoben ist, während der übrige Teil isoliert ist. An den mit Pfeilen bezeichneten Punkten seien in axialer Richtung, also senkrecht zur Zeichenebene, zwei Bürsten nebeneinander angeordnet. Daneben ist angegeben, bei welchem Betriebszustand, welcher Drehrichtung und für welche Dreiergruppe die Bürsten in Tätigkeit treten. Es sind bei einer bestimmten Drehrichtung und einem bestimmten Betriebszustand immer nur zwei diametral gegenüberliegende Bürstenpaare in Tätigkeit. Die mit (1 +) bzw. (1 —) bezeichneten

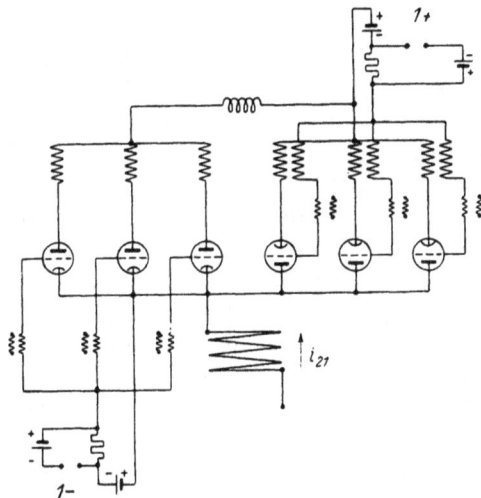

Bürstenpaare sollen über Relaiskontakte mit den Trennungsstellen (1 +) bzw. (1 —) der Schaltung nach Bild 79 verbunden sein und diese schließen, solange der metallische Teil des Schleifringes sich unter den Bürsten befindet. Die Relaisschaltung muß abhängig von der Bewegungsrichtung der Maschine und dem Betriebszustand die dafür bestimmten Bürstenpaare mit den Trennungsstellen verbinden und die anderen Bürstenpaare abschalten. An Hand von 78 läßt sich im Zusammenhang mit den Diagrammen oben leicht die richtige Lage der Bürstenpaare an den bezeichneten Stellen feststellen. Für die beiden anderen Stromrichtergruppen muß je ein weiterer Schleifring mit Bürstenpaaren vorgesehen werden.

Damit ist auch die Regelung und Steuerung der Maschine nach Bild 77 als Beispiel einer Stromrichtermaschine grundsätzlich geklärt. Die rein elektrischen Eigenschaften der Schaltung in bezug auf die Belastung des Drehstromnetzes stimmen mit der einer Gleichrichter-Wechselrichterschaltung überein. Bei Herabsetzung der Drehzahl der Maschine durch steigende Zündverzögerung nimmt entsprechend der Leistungsfaktor und die Leistung bei Nennstrom ab. Die Maschine selbst hat weitgehend die Eigenschaften einer fremderregten Gleichstrommaschine, die im Anschluß an ein Drehstromnetz über eine Gleichrichter-Wechselrichterschaltung mit Regelung durch Gittersteuerung gespeist wird, abgesehen von der schlechteren Ausnutzung. Man hat auch die Möglichkeit, die Wicklung des Magnetsystems der Maschine in Bild 77 in den Gleichstromkreis an Stelle der Gleichstromdrosselspule zu schalten und damit Reihenschlußcharakteristik der Maschine zu erreichen.

C. Stromrichter als Netzbelastung.

a) Einfluß der Stromrichterschaltung auf die Leistungsfaktoren des Netzes.

Die Betrachtung der Stromrichterschaltungen, Gleichrichter-, Wechselrichter-, Umrichterschaltungen, zeigte uns, daß jede dem angeschlossenen gespeisten oder speisenden Netz induktive Blindleistung entnimmt.

Beim ungesteuerten Gleichrichter wird eine Herabsetzung des Verschiebungsfaktors unter den Wert 1 durch den Umschaltvorgang bewirkt. Wenn die Umschaltzeit $\ddot{u}$ ist, so gilt $\cos\varphi \approx \cos\dfrac{\ddot{u}}{2}$, da die Grundwelle der Netzströme um $\dfrac{\ddot{u}}{2}$ nacheilend wird. Beim gesteuerten Gleichrichter kommt eine Nacheilung des Stromes hinzu, die gleich der Zündverzögerung α ist, so daß $\cos\varphi \approx \cos\left(\dfrac{\ddot{u}}{2} + \alpha\right)$ wird. Daher wird grundsätzlich die Regelmöglichkeit der Spannung mittels Gittersteuerung durch Verringerung des Leistungsfaktors erkauft.

Beim Wechselrichter ist keine volle Aussteuerung möglich. Es muß eine Mindestzündverfrühung γ_{min} aus Gründen der Entionisierung und Steuerfähigkeit der Gefäße eingehalten werden. Der Umschaltvorgang verbessert dabei den Verschiebungsfaktor, für den gilt: $\cos \varphi \approx \cos \left(\gamma - \dfrac{\ddot{u}}{3} \right)$. Auch der Wechselrichter entnimmt dem gespeisten Netz induktive Last.

Ein Umrichter mit Gleichstromzwischenkreis hat auf der einen Seite Gleichrichter-, auf der anderen Seite Wechselrichtereigenschaften, entnimmt also beiden Netzen Blindleistung. Nur der direkte Umrichter ist in der Lage dem gespeisten Netz jede Art Blindleistung zu liefern, je nach dem Verbrauch in diesem Netz. Er deckt seinen eigenen Blindleistungsbedarf sowie den des gespeisten Netzes aus dem speisenden Netz. Dabei zeigt sich, daß auch kapazitive Belastung im gespeisten Netz über die Umrichterschaltung zu induktiver Belastung im speisenden Netz führt.

Zu dieser induktiven Blindleistungsaufnahme der Stromrichterschaltungen kommt die Verzerrungsleistung hinzu. Diese wird verursacht durch den nichtsinusförmigen Verlauf des Netzstromes, der durch die Eigenart der Stromrichterschaltungen bedingt ist. Die Verzerrungsleistung ist besonders hoch bei den direkten Umrichterschaltungen.

Wir sehen einmal von der Möglichkeit ab, die induktive Blindleistung zu kompensieren, was immer nur unvollkommen möglich ist, da diese lastabhängig ist, und ebenso von der Möglichkeit, die Verzerrungsströme vor dem Eintritt in das Netz kurzzuschließen.

Da die Stromrichterbelastung meist nur einen Teil der Netzbelastung ausmacht, entsteht dann die Frage, welchen Einfluß eine Stromrichterbelastung, deren Verschiebungsfaktor und Leistungsfaktor gegeben sind, auf die Faktoren eines Netzes mit gegebenen Belastungsverhältnissen hat.

Wir bezeichnen Scheinleistung, Verschiebungsfaktor und Leistungsfaktor des Netzes vor Zuschaltung der Stromrichteranlage mit l', $\cos \varphi'$ und λ' und für die Stromrichteranlage mit l'', $\cos \varphi''$ und λ'' und fragen nach den Werten l, $\cos \varphi$ und λ, die das Netz bei Zuschaltung der Stromrichteranlage annimmt. Zur Beantwortung setzen wir voraus, daß das Netz sinusförmige Spannung aufweist und vernachlässigen die durch die Stromrichterbelastung gegebenfalls verursachte Verzerrung der Netzspannung. Dann besteht zwischen Leistungsfaktor und Verschiebungsfaktor die Beziehung

$$\lambda = \frac{l \cdot g \cdot \cos \varphi}{l} = g \cdot \cos \varphi \quad \ldots \ldots \ldots \quad (131)$$

wenn wir mit g den Grundschwingungsgehalt des Netzstromes bezeichnen und damit $l \cdot g$ die diesem Strom entsprechende Scheinleistung darstellt. Nach dieser Beziehung ist uns mit l, $\cos \varphi$ und λ auch g bzw. $g \cdot l$ bekannt. Wir betrachten nun zunächst, welchen Einfluß auf den ursprünglichen Verschiebungsfaktor $\cos \varphi'$ und die Grundschwingungsleistung des Netzes $g' l'$ das Einschalten des Stromrichters mit einer Grundschwingungsleistung $g'' l''$ und einem Verschiebungsfaktor $\cos \varphi''$ hat. Die Wirkleistung des Netzes erhöht sich von $g' l' \cos \varphi'$ um $g'' l'' \cos \varphi''$ und die Blindleistung entsprechend von $g' l' \sin \varphi'$ um $g'' l'' \sin \varphi''$. Daher ergibt sich als Grundschwingungsscheinleistung des Netzes insgesamt:

$$g \cdot l = \sqrt{(g' l' \cos \varphi' + g'' l'' \cos \varphi'')^2 + (g' l' \sin \varphi' + g'' l'' \sin \varphi'')^2} \quad (132)$$

und als Verschiebungsfaktor

$$\cos \varphi = \frac{g' l' \cos \varphi' + g'' l'' \cos \varphi''}{g l} \quad \ldots \ldots (133)$$

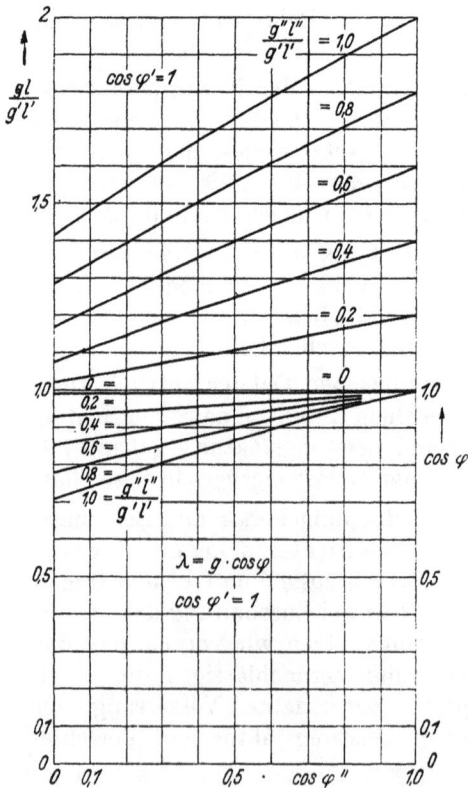

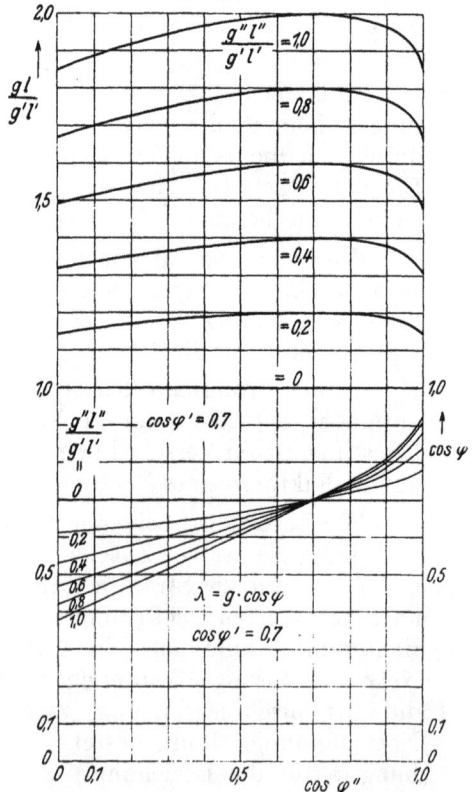

Bild 80 u. 81. Einfluß einer Stromrichterschaltung mit Verschiebungsfaktor $\cos \varphi''$ auf ein Drehstromnetz mit dem Verschiebungsfaktor $\cos \varphi'$ bei verschiedenen Verhältnissen der Grundschwingungsscheinleistung $g'' l''$ der Stromrichterschaltung zu der ursprünglichen des Netzes $g' l'$; resultierender Verschiebungsfaktor $\cos \varphi$ und Grundschwingungsscheinleistung $g l$ des Netzes.

Die Auswertung dieser Beziehungen zeigt Bild 80 und 81 für den Fall, daß der ursprüngliche Verschiebungsfaktor des Netzes $\cos \varphi' = 1$ oder $\cos \varphi' = 0{,}7$ beträgt. Die Kurven gelten für bestimmte Verhältniswerte der Stromrichter-Grundschwingungsleistung $g'' l''$ zur vorhandenen Netz-Grundschwingungsleistung $g' l'$ und geben die Abhängigkeit der Werte $g l$ und $\cos \varphi$ von $\cos \varphi''$ wieder. Diese Kurven zeigen, daß der resultierende Verschiebungsfaktor des Netzes in jedem Falle stark von der Stromrichterbelastung abhängig ist, während die resultierende Grundschwingungsleistung sich nur für den Wert $\cos \varphi' = 1$ des ursprünglichen Verschiebungsfaktors des Netzes stark mit $\cos \varphi''$ ändert. Ist beispielsweise der Verschiebungsfaktor einer Stromrichteranlage $\cos \varphi'' = 0{,}6 - 0{,}9$, Werte die an einer Umrichteranlage gemessen wurden [34], und beträgt der Anteil der Grundschwingungsscheinleistung an der übrigen Netzleistung 20%, so finden wir aus den Kurvenblättern, wenn der ursprüngliche Verschiebungsfaktor des Netzes $\cos \varphi' = 1$ oder $0{,}7$ beträgt, folgende resultierende Werte:

Ursprünglicher Verschiebungsfaktor des Netzes $\cos \varphi'$	Verschiebungsfaktor der Stromrichteranlage $\cos \varphi''$	Resultierender Verschiebungsfaktor des Netzes $\cos \varphi$	Erhöhung der Grundschwingungsleistung des Netzes $\dfrac{g\,l}{g'\,l'}$
1	$0{,}6 \div 0{,}9$	$0{,}99 \div 0{,}995$	$1{,}13 \div 1{,}18$
0,7	$0{,}6 \div 0{,}9$	$0{,}685 \div 0{,}74$	$1{,}2 \div 1{,}19$

$$\dots \quad (134)$$

Diese Werte zeigen, daß die Verschlechterung des Verschiebungsfaktors durch die Stromrichteranlage nicht wesentlich ist, falls der Anteil der Stromrichterleistung an der Netzleistung den gewählten geringen Prozentsatz von 20% hat.

Um weiter den resultierenden Leistungsfaktor des Netzes zu bestimmen, muß der Einfluß der Verzerrungsscheinleistung der Stromrichteranlage auf die Netzscheinleistung bestimmt werden. Hier können wir voraussetzen, daß die ursprüngliche Netzbelastung verzerrungsfrei ist bzw. bei sinusförmiger Spannung der Strom keine Oberschwingungen enthält, d. h. $g' = 1$ ist. Die in dem resultierenden Netzstrom enthaltenen Oberschwingungen rühren dann ausschließlich vom Stromrichter her. Für den resultierenden Grundschwingungsgehalt des Netzes ergibt sich dann:

$$g = \frac{g \cdot l}{l} = \frac{g \cdot l}{\sqrt{(g l)^2 + [l''^2 - (g'' l'')^2]}} = \frac{1}{\sqrt{1 + \left(\dfrac{g'' l''}{g l}\right)^2 \left[\dfrac{1}{g''^2} - 1\right]}} \quad (135)$$

Dieser Ausdruck enthält oben die Grundschwingungsscheinleistung des Netzes und unten diese Leistung, vermehrt um die Verzerrungsleistung der Stromrichteranlage. Dabei ist die quadratische Addition der Leistungen berücksichtigt. Bild 82 zeigt die Auswertung dieses Ausdruckes. Als Parameter der Kurven ist der Grundschwingungsgehalt g'' der Stromrichteranlage gewählt und für verschiedene Werte davon der resultierende Grundschwingungsgehalt g des Netzes abhängig von $\dfrac{g'' l''}{g l}$ aufgetragen. Den letzten Wert, der den Anteil der Stromrichtergrundschwingungsleistung an der resultierenden Netzgrundschwingungsleistung angibt, kann man aus den Werten in Bild 80 und 81 errechnen. Mit g und $\cos \varphi$ ist dann schließlich der resultierende Leistungsfaktor λ berechenbar. In dem gewählten Beispiel beträgt der Grundschwingungsgehalt der Stromrichteranlage $g'' = 0,76$.

Mit den Werten oben ergibt sich:

$$\frac{g'' l''}{g l} = \frac{\dfrac{g'' l''}{g' l'}}{\dfrac{g l}{g' l'}} = \frac{0,2}{1,13 \div 1,18} \quad \text{bzw.} \quad \frac{0,2}{1,2 \div 1,19} \approx 0,17 \qquad (136)$$

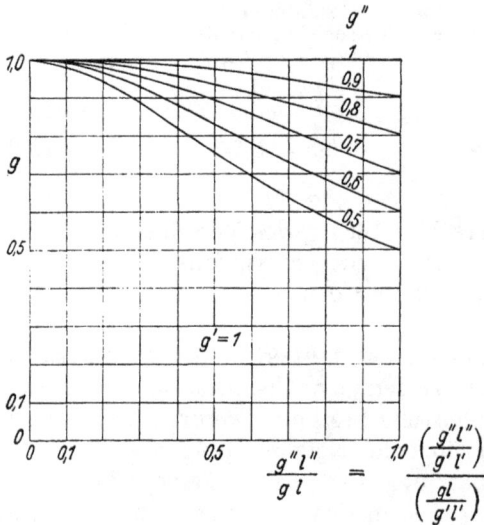

Bild 82 zeigt uns, daß für diesen geringen Anteil der Stromrichterbelastung an der Gesamtnetzbelastung und mit $g'' = 0,76$ der Verzerrungsfaktor g nur unwesentlich von dem ursprünglichen Wert $g' = 1$ abweicht. Daher stimmt auch der resultierende Leistungsfaktor für die Verhältnisse des Beispiels mit dem resultierenden Verschiebungsfaktor praktisch überein. Diese Überlegungen sollten uns zeigen, daß der ungünstige Einfluß der Stromrichterbelastung auf ein Drehstromnetz unwesentlich ist, wenn die Stromrichterbelastung weniger als 20% der übrigen Netzbelastung beträgt.

Bild 82. Einfluß einer Stromrichterbelastung mit dem Grundschwingungsgehalt g'' auf den resultierenden Grundschwingungsgehalt g eines Drehstromnetzes, dessen ursprünglicher Grundschwingungsgehalt $g' = 1$ ist.

Die Kurvenblätter zeigen uns aber, daß dieser Einfluß bei höherem Werte der anteilmäßigen Belastung wesentlich wird[1].

---

[1] Unabhängig von diesen Überlegungen sind die Maßnahmen zur Unterdrückung der Oberschwingungen in Hinblick auf die Störungen in Fernmeldeanlagen oder die Verzerrung der Netzspannung bei Resonanz in Bezug auf die Netzwiderstände.

b) Verbesserung des Verschiebungsfaktors durch erzwungene Umschaltung der Anodenströme.

Wir haben gesehen, daß der Leistungsfaktor der Stromrichteranlage durch Zündverzögerung zum Zwecke der Regelung (Gleichrichter) oder aus Gründen der Betriebsweise überhaupt (Wechselrichter, Umrichter) und damit zusammenhängende induktive Blindleistungsaufnahme ungünstig beeinflußt wird. Da die Grundbelastung der Drehstromnetze meist an und für sich schon einen induktiven Blindleistungsanteil aufweist, so hat man versucht, wenn überhaupt Regelung und Steuerung von Stromrichtern Blindleistung erfordert, diese ins kapazitive Gebiet zu verlegen. Darüber hinaus würde sich auch die Möglichkeit ergeben, den Stromrichter als ruhenden Phasenschieber zu benutzen. Um dies zu erreichen, muß an Stelle der natürlich sich ergebenden Verzögerung der Zündung der Stromrichter-Anoden eine Vorverlegung des Zündzeitpunktes erzwungen werden. Welche Bedingungen dazu erforderlich sind, wollen wir uns abschließend am einfachen Beispiel des Dreiphasengleichrichters klar machen.

Maßgebend dafür, daß zunächst nur Zündverzögerung in einer Gleichrichterschaltung möglich ist, sind die Bedingungen für die Umschaltung der Anoden. Bild 83 zeigt rechts oben die uns vertrauten Spannungsverhältnisse des Dreiphasengleichrichters nach der Schaltung links unten, bei $\alpha = 45^0$ Zündverzögerung. Darunter sind die Anodenströme angedeutet. Für den natürlichen Übergang von einer auf die folgende Phasenspannung bzw. für die Zündung der folgenden Anode beispielsweise Anode 2 steht der Bereich zwischen den Schnittpunkten S_1 und S_2 zur Verfügung. Hier ist einerseits die Differenz der Phasenspannungen, beispielsweise $u_{22} - u_{21}$, positiv, so daß überhaupt eine Zündung möglich ist, andererseits liegt nach erfolgtem Stromübergang negative Spannung an der gelöschten Anode, so daß Entionisierung und Erlangung der Sperrfähigkeit gesichert ist. Mit wachsender Zündverzögerung wird der Anodenstrom i_2 gegenüber der Spannung verzögert, entsprechend eilt der Netzstrom i_0 bzw. dessen Grundschwingung gegenüber der Netzphasenspannung nach, wie das Diagramm rechts oben zeigt. Die gestrichelten Vektoren zeigen die Grenzen, in denen der Strom beim Übergang von Gleichrichter- auf Wechselrichterbetrieb nacheilend sein kann, der ausgezogene Vektor entspricht der gezeichneten Zündverzögerung von $\alpha = 45$. Stark ausgezogen ist rechts oben die Gleichrichterspannung gezeichnet, deren Mittelwert um etwa 30% herabgeregelt ist.

Bild 83 zeigt uns links schematisch die Spannungs- und Stromverhältnisse für den Fall einer erzwungenen Voreilung des Stromes. Hierzu muß Zündung bzw. Löschung beispielsweise der Anoden 2 bzw. 1 im Bereich entsprechend den Schnittpunkten S_1 und S_3 durch eine zusätzliche Schaltung ermöglicht werden, in einem Bereich, in dem die natürliche Anodenspannung vor der Zündung beispielsweise für die zweite Anode, $u_{22} — u_{21}$, negativ ist. Die zusätzliche Schaltung besteht aus einem Kondensator und einem sog. Löschgefäß, wie es Bild 83 unten links für die erste Anode zeigt. Der Kondensator wird durch eine nicht gezeichnete Stromquelle negativ gegen Kathode aufgeladen. Die Anode führe den Strom $i_{21} = i_3$; im Zeitpunkt $\omega t = — \alpha$ werde das Löschgefäß durch positiven Gitterstoß gezündet. Dann schließt sich ein Stromkreis über das Löschgefäß, die Anode 1 und den Kondensator. Der Entladestrom des Kondensators ist entgegen der Stromrichtung der Anode 1 gerichtet, überlagert sich deren Strom und löscht diese im Nulldurchgang des Gesamtstromes. Anode 1 ist durch »Kondensatorschlag« gelöscht. Gleichzeitig übernimmt das Löschrohr den vollen Strom, der durch die Kathodendrossel unveränderlich gehalten wird.

Die Spannung der Kathode gegen den Trafo-Sternpunkt springt bei

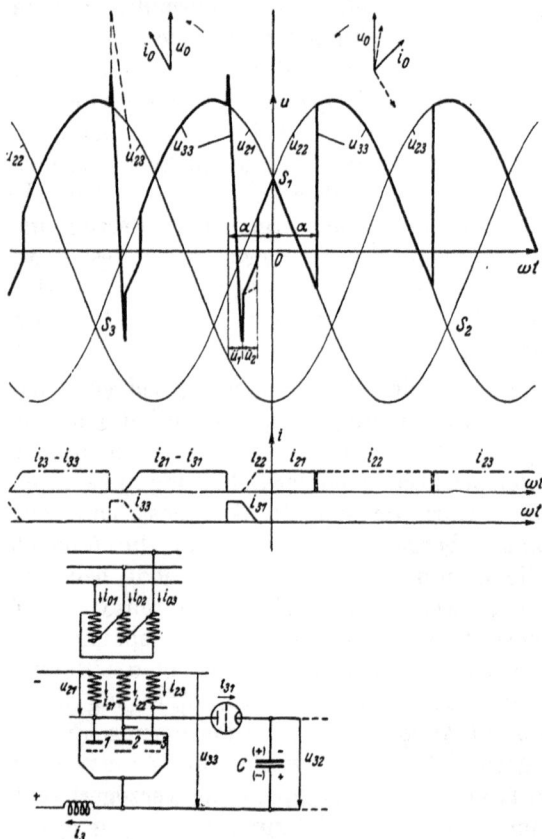

Bild 83. Zur Veranschaulichung der Zwangsumschaltung der Anodenströme in Stromrichterschaltungen.

$\omega t = — \alpha$ um die Spannung des Kondensators in positiver Richtung, wie uns die stark ausgezogene Kurve in Bild 83 links oben zeigt. Der Strom i_{31} fließt über den Kondensator und lädt diesen um auf die eingeklammerte Polarität. Entsprechend wird die Spannung der Kathode gegen den Sternpunkt des Transformators zufolge ihrer Zusammensetzung aus der Phasenspannung u_{21} und der Kondensatorspannung u_{32} ins Negative geführt. Ist die Spannung der Kathode so weit gesunken, daß sie unter der Phasenspannung u_{22} liegt, dann ist eine Zündung der Anode 2 möglich, da deren Anodenspannung positiv ge-

worden ist. Wenn diese Zündung durch Einsetzen positiver Gitterspannung erfolgt, so schließt sich ein Stromkreis über das Löschrohr, den
Kondensator, die Wicklungen 1 und 2 des Transformators und die
Anode 2. Da die Kondensatorspannung u_{32} die Spannung $u_{22} - u_{21}$ über-
wiegt, wird ein Umschaltstrom entstehen, der entgegen der positiven
Richtung des Löschrohres fließt. Da die Spannung die Streublindwider-
stände des Transformators überwinden muß, wird der Strom über
Anode 2 allmählich ansteigen und der Strom über das Löschrohr allmählich abfallen, wie uns i_{22} und i_{31} in Bild 83 links zeigen, bis der
Strom über das Löschrohr im Nulldurchgang abbricht und die Anode 2
den vollen Strom übernommen hat. Dieser Vorgang ist der eigentliche
Umschaltvorgang, bei dem der Strom von der Wicklung 1 des Transformators auf die Wicklung 2 übertragen wird. Die Spannung der
Kathode gegen den Sternpunkt, die bei natürlicher Umschaltung auf
der Mitte zwischen u_{21} und u_{22} liegen würde, verläuft hierbei um die
halbe Spannung des Kondensators negativer. Das wäre entsprechend
dem gestrichelten Verlauf. Es ist aber zu beachten, daß gleichzeitig
die Kondensatorspannung absinkt, so daß der stark gezeichnete Verlauf
zu erwarten ist. Am Ende der Umschaltung springt die Kathodenspannung auf die Phasenspannung.

Der gesamte Umschaltvorgang zerfällt also demnach in zwei Be-
reiche, die in Bild 83 mit $\ddot{u}_1$ und $\ddot{u}_2$ bezeichnet sind. Der eigentliche
Umschaltvorgang für die Wicklung geschieht im zweiten Bereich;
dieser ist auch maßgebend für die Phasenlage des Wicklungsstromes,
so daß in diesem Falle für den Netzstrom nur eine Phasenvoreilung

von $\alpha - \ddot{u}_1 - \dfrac{\ddot{u}_2}{2}$ gewonnen ist. Entsprechend ist der Netzstrom im

Vektordiagramm links oben eingezeichnet.

Nach Beendigung des gesamten Umschaltvorganges wird der Kondensator von der nicht gezeichneten Spannungsquelle aus wieder um-
geladen auf die Spannung und Polarität, die für den folgenden Umschaltvorgang erforderlich sind.

Der Verlauf der Kathodenspannung in Bild 83 links zeigt ebenfalls
einen herabgesetzten Mittelwert, und es ist zu übersehen, daß auch
durch mehr oder weniger Vorverlegung des Zündzeitpunktes eine Regelung der mittleren Gleichrichterspannung möglich ist. Die Schwierigkeiten einer solchen Schaltung im Betrieb, die bisher ihre praktische
Verwendung verhindert haben, liegen abgesehen von dem zusätzlichen
Aufwand in folgendem: Die Umladung des Kondensators hängt von der
Höhe des Stromes i_3 ab; um in einer bestimmten Zeit entsprechend $\ddot{u}_1$
die Umladung durchzuführen, müßte der Kondensator mit der Belastung geändert werden. An die gelöschte Anode werden hohe Anforderungen hinsichtlich der Entionisierung gestellt. An der gelöschten
Anode 1, deren Löschung wir im besonderen betrachtet haben, liegt

nach der Löschung die Kondensatorspannung über das Löschrohr. Diese Spannung ist innerhalb des Bereiches $\omega t = -\alpha$ bis $-(\alpha - \ddot{u}_1)$ durch die Differenz der Phasenspannung u_{21} mit der gezeichneten Kathodenspannung u_{33} gegeben. Bild 83 läßt erkennen, daß die Spannung nur äußerst kurzzeitig negativ ist. Wir haben früher bei Behandlung des Wechselrichterbetriebes, wo ebenfalls eine nur kurzzeitige negative Anodenspannung vorliegt, gesehen, daß bei hoher Belastung der Bereich negativer Anodenspannung und damit die Entionisierungszeit etwa $15-20^0$ elektrisch entsprechen soll. Die Entionisierungszeit kann in der vorliegenden Schaltung durch Erhöhung der Anfangsspannung und Vergrößerung der Kapazität und damit Verlangsamung der Umladung erhöht werden. Beides führt zu einer unerwünschten Verlängerung des Umschaltvorganges. In Bild 83 ist links oben gestrichelt angedeutet, wie etwa die Kathodenspannung verlaufen muß, um eine Entionisierungszeit entsprechend 15^0 zuzulassen.

Im Anschluß an die hier behandelte einfache Grundform der erzwungenen Umschaltung lassen sich weitere Schaltungen entwickeln, um die Schwierigkeiten der Entionisierung und Lastabhängigkeit zu überwinden [37, 38]. Die vollständige Beherrschung der Umschaltung würde der Stromrichtertechnik neue Anwendungsmöglichkeiten erschließen und bei den in diesem Buch behandelten Schaltungen die Belastungsverhältnisse auf der Netzseite wesentlich günstiger gestalten.

Schrifttum.

I. Bücher und Arbeiten über Gleichrichter und Wechselrichter und deren Anwendung allgemein.

1. D. C. Prince u. F. B. Vogdes, Quecksilberdampfgleichrichter. R. Oldenbourg, München und Berlin 1931.
2. O. K. Marti u. H. Winograd, Stromrichter. R. Oldenbourg, München und Berlin 1933. (Hier eine Zusammenstellung der Stromrichterarbeiten von 1922 bis 1932.)
3. A. Glaser u. K. Müller-Lübeck, Einführung in die Theorie der Stromrichter. Bd. 1. J. Springer, Berlin 1935.
4. W. Schilling, Die Gleichrichterschaltungen. R. Oldenbourg, München und Berlin 1938.
5. K. Müller-Lübeck u. E. Uhlmann, Die Strom- und Spannungsverhältnisse der gittergesteuerten Gleichrichter. Arch. El. XXVII (1933), S. 347.
6. W. Dällenbach und J. Gerecke, Die Strom- und Spannungsverhältnisse der Großgleichrichter. Arch. El. XIV (1924), S. 171.
7. M. Schenkel, Technische Grundlagen und Anwendungen gesteuerter Gleichrichter. ETZ 53 (1932), S. 761 u. 770.
8. E. Uhlmann, Zur Theorie der Gleichrichtertransformatoren. E. u. M. 54 (1936), S. 121.
9. Stromrichtersonderhefte der Stromrichter bauenden Firmen: Stromrichter-Sonderheft I. Teil, Siemens-Z. 13 (1933), S. 253f., Stromrichter-Sonderheft II. Teil, Siemens-Z. 15 (1935), S. 189f. 25 Jahre Brown-Boweri-Mutator, Brown-Boveri-Mitteilungen XXV (1938), S. 83f. Stromrichter in der Industrie, AEG.-Mitteilungen (1939), S. 53f.

II. Arbeiten über netzerregte Wechselrichter und Stromrichter mit Gleichstromzwischenkreis soweit sie nicht unter I mit enthalten sind.

10. R. Feinberg, Zur Theorie der Drehstrom-Einphasen-Umformung mit Gleich- und Wechselrichtern. Arch. El. XXVI (1932), S. 200.
11. H. Laub, Die Wirkungsweise netzgeführter Wechselrichter. ETZ 54 (1933), S. 693.
12. W. Leukert, Fördermaschinenantrieb mit Stromrichtern. ETZ 57 (1937), S. 527 u. 591.
13. E. Kern, Die Gleichstromkraftübertragung, ihr heutiger Stand und ihre Zukunft. Bulletin S. E. V. XXX (1939), S. 567, vgl. auch S. 481.

III. Arbeiten über selbsterregte Wechselrichter und Umrichter mit Gleichstromzwischenkreis soweit sie nicht unter I mit enthalten sind.

14. W. Schilling, Die Berechnung der elektrischen Verhältnisse in einphasigen selbsterregten Wechselrichtern. Arch. El. XXVII (1933), S. 22.
15. J. Runge u. H. Beckenbach, Ein Beitrag zur Berechnung des Parallelwechselrichters. Z. Techn. Physik (1933), S. 377.
16. E. Blaich, Über selbsterregte fremdgesteuerte Wechselrichter in Gegentaktschaltung. Diss. München 1933.

17. W. Schilling, Die Berechnung des Parallelwechselrichters bei ohmscher Belastung. Arch. El. XXIX (1935), S. 119. Die Berechnung des einphasigen Rechenwechselrichters bei ohmscher Belastung. Arch. El. XXIX (1935), S. 459.
18. Ch. Ehrensberger, Umrichter mit Strom und Spannungsglätter zur elastischen Kupplung eines Dreiphasennetzes 50 Perioden, mit einem Einphasennetz $16^2/_3$ Perioden. Brown-Boveri-Mitt. XXI (1934), S. 95.

IV. Arbeiten über Umrichter und Stromrichtermaschinen.

19. W. Wechmann, Über Energieversorgung elektrisch betriebener Fernbahnen aus Drehstromnetzen. El. B. VIII (1932), S. 45 und folgende Arbeiten im gleichen He t.
20. R. Feinberg, Zur Theorie der Drehstrom-Einphasenstrom-Umformung mit Hüllkurvenumrichtern. Arch. El. XXVII (1933), S. 539.
21. R. Feinberg, Das Verhältnis von Primär- zu Sekundär-Blindleistung bei Hüllkurvenumrichtern. E. u. M. 51 (1933), S. 45f., vgl. E. B. IX (1933), S. 151.
22. R. Feinberg, Die Gittersteuerung beim unmittelbaren Drehstrom-Einphasenstrom-Mutator. Bulletin des S. E. V. XXVII (1936), S. 568.
23. W. Wechmann, Neuere Energieversorgungsmöglichkeiten elektrischer Wechselstrombahnen. El. B. XIII (1937), S. 189 und folgende Arbeiten im gleichen Heft über die Hüllkurven-Umrichteranlage Basel der AEG.
24. I. v. Issendorff, Der gesteuerte Umrichter. Wissenschaftliche Veröffentlichungen a. d. Siemens-K. XIV (1935), S. 1.
25. H. Jungmichel u. O. Schiele, Spannungsoberwellen beim Steuerumrichter und ihre Glättung. W. V. a. d. S.-W. XVI (1937), S. 25.
26. O. Schiele, Die Einphasenspannung des Steuerumrichters. Arch. El. XXXII (1938), S. 102.
27. M. Bosch u. O. Kasperowski, Die Steuerumrichter-Versuchsanlage der Siemens-Schuckert-Werke A. G. im Reichsbahn-Saalach-Kraftwerk. El. B. 11 (1935), S. 236.
28. K. Strobel, Übersicht über die bisherige und Ausblick auf die zukünftige Entwicklung der Umrichter. E. u. M. 57 (1939), S. 39.
29. W. Leukert, Die Wirkungsweise der Periodenumformung. ETZ 59 (1938), S. 797.
30. E. F. W. Alexandersen u. A. H. Mittag, The „Thyratron"-Motor. El. Eng. 53 (1934), S. 1817.
31. E. Kern, Der Dreiphasenstromrichtermotor und seine Steuerung bei Betrieb als Umkehrmotor. ETZ 59 (1938), S. 467.

V. Arbeiten über Stromrichter als Netzbelastung.

32. L. Lebrecht, Stromrichterbelastung der Hochspannungsnetze. ETZ 56 (1935), S. 957 u. 987.
33. W. Leukert u. E. Kübler, Oberwellenbelastung von Drehstromnetzen durch Stromrichter. E. u. M. 54 (1936), S. 37 u. 52.
34. G. Reinhardt, Die Belastung des Drehstromnetzes durch Umrichter verschiedener Systeme. V. D. E.-Fachber. 9 (1937), S. 21.
35. G. I. Babat u. I. A. Kazman, Stromrichter mit voreilendem Leistungsfaktor und Stromrichterphasenschieber. Elektritschestwo 58 (1937), S. 8. Bericht ETZ 58 (1937), S. 1400.
36. E. Kübler, Stromrichterbelastung von Generatoren und Drehstromnetzen in vektorieller Darstellung. W. V. a. d. S.-W. XVIII (1939), S. 51.
37. G. Babat u. G. Rabkin, Grid Controlled phase-advancers. I. of I. El. Ing. 82 (1938), S. 429.
38. E. Marx, Stromrichter mit beliebig veränderlichem Leistungsfaktor. ETZ 59 (1938), S. 357.

Bezeichnungen.

i_0 bzw. i_{01}, i_{02} und i_{03} Phasenströme im Drehstrom- oder Wechselstromnetz,

i_1 bzw. i_{11}, i_{12} und i_{13} primäre Wicklungsströme der Transformatoren,

i_2 bzw. i_{21}, i_{22}, $i_{23} \ldots i_{26}$ sekundäre Wicklungsströme der Transformatoren,

i_3 Strom im Gleichstromkreis,

i_{0e}, i_{1e}, i_{2e} und i_{3e} Effektivwerte der oben bezeichneten Ströme,

i_{2m}, i_{3m} Gleichstrommittelwerte der oben bezeichneten Ströme,

i_{2r}, i_{2er} Wechselstrom und dessen Effektivwert bei Kurzschluß aufeinanderfolgender sekundärer Phasen,

$i_{0e d}$ effektiver Wechselstrom auf der Drehstromseite bei Kurzschluß dreier um 120^0 auseinanderliegender Sekundärphasen des Stromrichtertransformators,

u_0 bzw. u_{01}. u_{02} und u_{03} Phasenspannung des Wechsel- oder Drehstromnetzes,

u_{11}, u_{12}, u_{13} primäre Wicklungsspannungen der Transformatoren,

u_{21}, $u_{22} \ldots u_{26}$ sekundäre Wicklungsspannungen der Transformatoren,

u_{0e}, u_{1e}, u_{2e} Effektivwerte der oben bezeichneten Spannungen,

u_{31}, u_{32}, u_{33} Teilspannungen im Gleichstromkreis,

u_{32b} Brennspannung der Stromrichter, mittlere Bogenspannung innerhalb der Stromführungszeit,

u_{33m} mittlere Stromrichterspannung, zwischen Kathode und Sternpunkt des Transformators gemessen, zuzüglich u_{32b},

u_{31m} mittlere Spannung des Gleichstromnetzes oder Gleichstromverbrauchers,

u_{31L}, u_{22L}, . . ., u_{33mL} oben bezeichnete Spannungen im Leerlauf,

p sekundäre Phasenzahl,

$\varkappa$ Zündverzögerungswinkel,

γ Zündverfrühungswinkel,

β Stromführungsdauer,

f Frequenz,

ω Kreisfrequenz,

t Zeit,

φ Phasenwinkel,

$\cos \varphi$ Verschiebungsfaktor,

λ Leistungsfaktor,

v Verzerrungsfaktor,

g Grundschwingungsgehalt,

l Leistung,

R_0 ⎫ auf der Netzseite,
R_1 ⎪ ohmscher Widerstand ⎨ auf der Primärseite,
R_2 ⎪ auf der Sekundärseite,
R_3 ⎭ im Gleichstromzweig,

C_0 Kapazität auf der Wechselstromseite,

L_0 Induktivität auf der Wechselstromseite,

L_3 Induktivität der Gleichstromdrosselspule.

Sachverzeichnis.

Transformatoren mit Stufenreglung unter Last. Theorie, Aufbau, Anwendung. Von Karl Bölte und Rudolf Küchler. 182 Seiten, 159 Abbildungen. Gr.-8°. 1938. In Leinen RM. 9.60

Die Stromtarife der Elektrizitätswerke. Theorie und Praxis. Von H. E. Eisenmenger New York. Autorisierte deutsche Bearbeitung von A. G. Arnold. 254 Seiten, 67 Abbildungen. Gr.-8°. 1929. RM. 11.70, in Leinen RM. 13.50

Das Bürstenproblem im Elektromaschinenbau. Ein Beitrag zum Studium der Strom, abnahme von Kommutatoren und Schleifringen. Von Obering. Dr. W. Heinrich. 194 Seiten, 114 Abbildungen. Gr.-8°. 1930. RM. 9.—, in Leinen RM. 10.80

Freileitungsbau und Schleuderbetonmasten. Von Dr.-Ing. Ludwig Heuser und Obering. Robert Burget. 184 Seiten, 148 Abbildungen. Gr.-8°. 1932. RM. 10.—

Ortsnetze für Kabel und Freileitung. Mit Berechnungsbeispielen aus der Praxis. Von El.-Ing. Karl Kinzinger. 122 Seiten, 35 Abbildungen, 2 Tabellen. 8°. 1932. RM. 5.—

Der internationale elektrische Energieverkehr in Europa. Von Dipl.-Volkswirt Dr. Werner Kittler. 174 Seiten, 11 zweifarbige Länderkarten. Gr.-8°. 1933. RM. 10.—

Die Trockengleichrichter. Von Ing. Karl Maier. Theorie, Aufbau und Anwendung. 313 Seiten, 313 Abbildungen. Gr.-8°. 1938. In Leinen RM. 18.—

Stromrichter unter besonderer Berücksichtigung der Quecksilberdampf-Großgleichrichter. Von D. K. Marti und H. Winograd. Bearbeitet von Dr.-Ing. Gramisch. 405 Seiten, 279 Abbildungen. Gr.-8°. 1933. In Leinen RM. 22.—

Die Technik selbsttätiger Steuerungen und Anlagen. Neuzeitliche schaltungstechnische Mittel und Verfahren. Von Dipl.-Ing. G. Meiners. 225 Seiten, 144 Abbildungen. Gr.-8°. 1936. In Leinen RM. 12.—

Berechnung der Gleich- und Wechselstromnetze. Von Ing. K. Muttersbach. 124 Seiten, 88 Abbildungen. Gr.-8°. 1925. RM. 5.—

Der Wert der Wärmeersparnis erläutert an der elektrowirtschaftlichen Gesamtstatistik Deutschlands und der Vereinigten Staaten von Amerika 1912—1934. Von Dr.-Ing. Franz zur Nedden. 163 Seiten, 22 Schaubilder, 15 Zahlentafeln. Gr.-8°. 1936. RM. 8.—

Kohlebürsten, zugleich eine Darstellung des veränderlichen Verhaltens der Stromwendung be Gleichstrommaschinen. Von Dr. J. Neukirchen. 142 Seiten, 35 Abbildungen, 12 Tafeln. Gr.-8°. 1934. RM. 6.80

Die Ortskurventheorie der Wechselstromtechnik. Von Professor Dr.-Ing. Günther Oberdorfer. 88 Seiten, 52 Abbildungen. 1934. RM. 4.50

Lehrbuch der Elektrotechnik. Von Prof. Dr.-Ing. Günther Oberdorfer.
Band I: Die wissenschaftlichen Grundlagen. 460 Seiten, 272 Abbildungen. Gr.-8°. Leinen RM. 19.50
Band II: Rechenverfahren und allgemeine Theorien. Erscheint im Frühjahr 1940

Quecksilberdampf-Gleichrichter, Wirkungsweise, Konstruktion und Schaltung. Von D. C. Prince und F. B. Vogdes. Deutsche Ausgabe bearbeitet von Dr.-Ing. O. Gramisch. 199 Seiten, 172 Abbildungen. Gr.-8°. 1931. RM. 11.70, in Leinen RM. 13.50

Die Phasenkompensation in Drehstromanlagen. Ein Hilfsbuch für praktische Leistungsfaktor-Verbesserung. Von Ing. H. Rengert. 106 Seiten. 98 Abbildungen. 8°. 1931. RM. 5.—

Selbstkostenberechnung elektrischer Arbeit, ihr Aufbau und ihre Durchführung. Von Dipl.-Ing. Dr.-Ing. Hermann Rückwardt. 148 Seiten, 37 Abbildungen, 29 Zahlentafeln. Gr.-8°. 1933. RM. 9.50

Die elektrische Warmbehandlung in der Industrie. Von Obering. E. Fr. Ruß. 264 Seiten, 240 Abbildungen. Gr.-8°. 1933. In Leinen RM. 14.—

Die Gleichrichterschaltungen. Ihre Berechnung und Arbeitsweise. Von Dr.-Ing. Walter Schilling. 279 Seiten, 121 Abbildungen. Gr.-8°. 1939. In Leinen RM. 17.50

Elektromagnetische Grundbegriffe. Ihre Entwicklung und ihre einfachsten technischen Anwendungen. Von Prof. W. O. Schumann. 220 Seiten, 197 Abbildungen. Gr.-8°. 1931. RM. 11.—

Hochspannungsleitungen. Grundlagen und Methoden zur praktischen Berechnung von Leitungen von Prof. Dr.-Ing. A. Schwaiger. 148 Seiten, 75 Abbildungen, 4 Zahlentafeln. 8°. 1931. RM. 6.30

Der Schutzbereich von Blitzableitern. Neue Regeln für den Bau von Blitz-Fangvorrichtungen. Von Prof. Dr.-Ing. Anton Schwaiger. 115 Seiten, 27 Abbildungen, 3 Kurventafeln. 8°. 1938. RM. 5.—

Wirtschaftliche Energieverteilung in Drehstromkabelnetzen. Von Dr.-Ing. Willy Speidel. 124 Seiten, 17 Abbildungen. Gr.-8°. 1932. RM. 7.—

Der Einphasen-Bahnmotor. Kritik und Ersatz seines Vektor-Diagramms. Von Dr.-Ing. Karl Töfflinger. 55 Seiten, 26 Abbildungen. Gr.-8°. 1930. RM. 3.70

Kurzschlußströme in Drehstromnetzen. Berechnung und Begrenzung. Von Dr.-Ing. M. Walter. 2. Auflage. 167 Seiten, 124 Abbildungen. Gr.-8°. 1938. In Leinen RM. 8.80

Der Selektivschutz nach dem Widerstandsprinzip. Von Dr.-Ing. M. Walter. 172 Seiten, 144 Abbildungen. Gr.-8°. 1933. RM. 8.50

Selektivschutzeinrichtungen für Hochspannungsanlagen mit Anleitung zu ihrer Projektierung. Von Obering. M. Walter. 134 Seiten, 77 Abbildungen. Gr.-8°. 1929. RM. 6.30

Strom- und Spannungswandler. Von Dr.-Ing. Michael Walter. 159 Seiten, 163 Abbildungen. Gr.-8°. 1937. In Leinen RM. 8.80

Der Erdschluß in Hochspannungsnetzen. Von Ing. Hans Weber. 107 Seiten. 86 Abbildungen. Gr.-8°. 1936. RM. 5.80

R. OLDENBOURG · MÜNCHEN 1 UND BERLIN

www.ingramcontent.com/pod-product-compliance
Lightning Source LLC
Chambersburg PA
CBHW081224190326
41458CB00016B/5672